公园常见花木

识别与欣赏

● 殷广鸿 主编

中国农业出版社

主　　编　　殷广鸿

参编人员　　马　浩　杨　冰　南和礼　殷　晏

　　　　　　殷　泓　杨　治　李彦河　陶明甫

　　　　　　殷丽华　韩长江　张仲培　姚云娟

　　　　　　杨　哲　吴运齐　冯殿启　殷广顺

前　言

　　公园是人们经常光顾的休闲娱乐场所。每到节假日，尤其是春暖花开的季节，公园里的游人更是络绎不绝。漫步其中，我们不难发现这样一个现象：在观赏公园植物的过程中，有的游人能识别植物、欣赏植物，甚至道出一些诗词典故；有的游人却知之甚少，甚至张冠李戴。尤其是面对孩童充满渴求的提问，有些家长往往不能给出满意的答案。

　　为此我们下决心编写本书，力求从公园常见植物入手，普及植物的基本知识，方便游人正确识别公园的植物，进而欣赏丰富多彩的植物世界，并在提高欣赏植物水平的基础上，自觉养成爱护公园植物的习惯，使人与自然相处更加和谐。

　　本书采用图文结合的方式编写。每种植物一般有5幅图片，其中1幅是植物全貌图，其余分别是花、茎、叶、果的局部图。全貌图力求使读者对该植物有个总体印象，局部图则从多角度反映该植物的细节特征，让读者感觉仿佛在近距离欣赏植物。文字部分，每种植物简要介绍其别名、科属、形态特征及识别提示，重点介绍有关该植物的来源、典故、传说、诗词等趣味性和知识性的内容，从而提高读者欣赏植物的兴趣。此外，我们还对一些相似植物特别提供了识别要点，供读者参考。

为方便读者在游览公园时识别植物，考虑到花是植物最显著的特征，本书按照植物的开花月份分篇介绍，每个月份中再按照植物名称的拼音顺序编排。竹类植物因有其特殊性，安排在最后一篇。需要说明的是，由于同一植物在各地开花及结果月份会有所不同，本书的花期、果期月份参照的是我国长江中下游南京地区的花果期月份，其他地区的花果期则需读者作相应推算。

　　本书选取了公园常见的160种植物，书中图片全部由我们实地拍摄，有些图片质量可能不尽人意，敬请读者见谅。书中部分内容参考和引用了有关书籍和网上资料，在此向各位原著者、网上作者表示深深的感谢。对于未能一一列举的原文作者，尤其是网上作者，在此深表歉意。

　　我们是一些业余的植物爱好者，希望为普及植物知识做点实事，此番抱着抛砖引玉的态度，编写了本书。但毕竟是外行写书，错谬之处恐难避免，恳请读者尤其是专家批评指正。

殷广鸿

2009年8月

目 录

前言

基本知识/1

2月开花篇/5

白玉兰/5　　　　　梅/6　　　　　山茶花/7
迎春/8　　　　　郁香忍冬/9

3月开花篇/10

垂柳/10　　　　　垂丝海棠/11　　　　　二月蓝/12
枫香/13　　　　　红叶李/14　　　　　结香/15
金钟花/16　　　　　阔叶十大功劳/17　　　　　毛白杨/18
泡桐/19　　　　　洒金千头柏/20　　　　　杉木/21
桃/22　　　　　桃叶珊瑚/23　　　　　贴梗海棠/24
樱花/25　　　　　郁金香/26　　　　　云南黄素馨/27

4月开花篇/28

白皮松/28　　　　　秤锤树/29　　　　　棣棠/30
丁香/31　　　　　杜鹃/32　　　　　枫杨/33
珙桐/34　　　　　枸骨/35　　　　　含笑/36
红花酢浆草/37　　　　　红花檵木/38　　　　　黄杨/39
火棘/40　　　　　锦带花/41　　　　　梨/42
楝树/43　　　　　龙柏/44　　　　　牡丹/45
木瓜/46　　　　　木绣球/47　　　　　琼花/48
三角枫/49　　　　　三角紫叶酢浆草/50　　　　　三色堇/51
山核桃/52　　　　　山麻杆/53　　　　　珊瑚树/54
芍药/55　　　　　石楠/56　　　　　卫矛/57
蚊母树/58　　　　　五针松/59　　　　　悬铃木/60

银杏/61　　　　虞美人/62　　　　羽衣甘蓝/63
樟树/64　　　　朱顶红/65　　　　紫荆/66
紫藤/67　　　　紫叶小檗/68　　　棕榈/69
棕竹/70

5月开花篇/71

芭蕉/71　　　　白车轴草/72　　　刺槐/73
刺梨/74　　　　大叶黄杨/75　　　冬青树/76
鹅掌楸/77　　　凤仙花/78　　　　构树/79
广玉兰/80　　　龟甲冬青/81　　　海桐/82
鸡爪槭/83　　　荚蒾/84　　　　　金丝桃/85
金银花/86　　　金银木/87　　　　罗汉松/88
玫瑰/89　　　　木香/90　　　　　南天竹/91
朴树/92　　　　七叶树/93　　　　蔷薇/94
山楂/95　　　　商陆/96　　　　　石榴/97
柿/98　　　　　睡莲/99　　　　　丝棉木/100
溲疏/101　　　探春/102　　　　乌桕/103
无患子/104　　喜树/105　　　　鸢尾/106
月季/107　　　栀子花/108　　　紫叶草/109

6月开花篇/110

半支莲/110　　杜英/111　　　　凤尾兰/112
旱伞草/113　　合欢/114　　　　荷花/115
槐树/116　　　夹竹桃/117　　　凌霄/118
栾树/119　　　络石/120　　　　麦冬/121
木槿/122　　　女贞/123　　　　爬山虎/124
蜀葵/125　　　水葱/126　　　　万寿菊/127
梧桐/128　　　萱草/129　　　　沿阶草/130
一叶荻/131　　羽叶茑萝/132　　紫茉莉/133
紫薇/134

7月开花篇/135

葱莲/135　　　美人蕉/136　　　牵牛花/137
水竹芋/138　　苏铁/139　　　　五叶地锦/140
向日葵/141　　一串红/142　　　玉簪/143

8月开花篇/144

黄花槐/144 　　　　鸡冠花/145 　　　　椰榆/146
秋海棠/147 　　　　狭叶十大功劳/148

9月开花篇/149

桂花/149 　　　　红花石蒜/150 　　　　菊花/151
木芙蓉/152

10月开花篇/153

八角金盘/153 　　　　胡颓子/154 　　　　枇杷/155
雪松/156 　　　　叶子花/157

11月开花篇/158

茶梅/158 　　　　腊梅/159

竹类篇/160

菲白竹/162 　　　　凤尾竹/163 　　　　箬竹/164
孝顺竹/165 　　　　紫竹/166

主要参考文献/167

基 本 知 识

　　植物一般由根、茎、叶、花、果和种子六部分组成，其中叶、花、果是植物的三个重要鉴别器官。为了方便读者识别和欣赏植物，这里先简要介绍一些叶、花、果的基本知识。

一、叶

　　1．叶的组成。叶一般由叶片、叶柄和托叶组成。

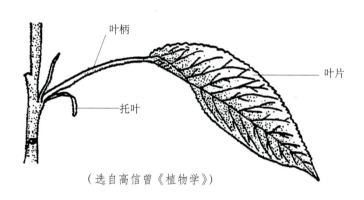

（选自高信曾《植物学》）

　　2．叶形。是指叶片的形状。常见叶形如下：

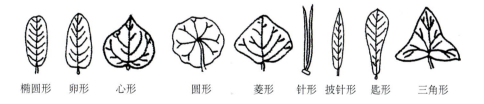

椭圆形　　卵形　　心形　　　　圆形　　　菱形　　针形　披针形　匙形　三角形

（选自陆时万《植物学》）

3．**叶缘**。是指叶片边缘的形状。常见叶缘类型如下：

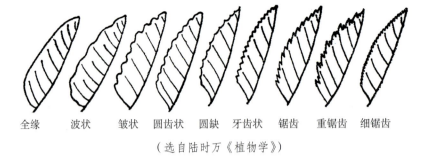

全缘　　波状　　皱状　　圆齿状　　圆缺　　牙齿状　　锯齿　　重锯齿　　细锯齿

（选自陆时万《植物学》）

4．**叶序**。是指叶片在茎枝上的排列方式。常见叶序类型如下：

互生　　　　　　对生　　　　　　轮生　　　　　　簇生

（选自陆时万《植物学》）

5．**复叶**。一个叶柄上有两个或两个以上叶片的称复叶。常见复叶类型如下：

奇数羽状　　偶数羽状　　二回羽状　　三回羽状　　掌状复叶　　三出复叶　　单身复叶

（选自曹慧娟《植物学》）

二、花

1．**花的组成**。花一般由花柄、花托、花被（花萼、花冠）、雄蕊群和雌蕊群组成。

基本知识

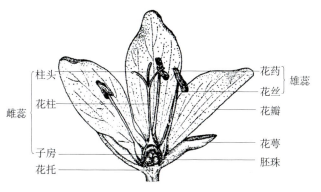

（选自曹慧娟《植物学》）

2．**花冠**。是由一朵花中的若干枚花瓣组成。常见花冠类型如下：

十字形　　蝶形　　　管状　　漏斗状　　轮状　　唇形　　　舌状　钟状

（选自滕崇德《植物学》）

三、果

1．**真果与假果**。真果是指由子房发育而成的果实；假果是指除子房外，还由花的其他部分（如花托等）参与形成的果实。

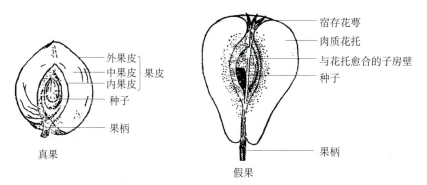

（选自曹慧娟《植物学》）

2. **果的类型。** 常见果的类型如下：

核果

梨果

蒴果

蓇葖果

荚果

颖果

翅果

坚果

聚合果

聚花果

（选自高信曾《植物学》和陆时万《植物学》）

白玉兰 玉兰
木兰科，木兰属

【形态特征】落叶乔木，高可达 20 米，树皮深灰色。单叶互生，纸质，倒卵状长椭圆形，全缘。花大，纯白色，芳香。早春于叶前开放。聚合蓇葖果，秋季成熟。熟时开裂，红色的种子悬挂于果皮外。花期 2～4 月，果期 8～9 月。

【识别提示】白玉兰与紫玉兰比较相似，主要差别在于：白玉兰花 9 瓣，白色；紫玉兰花 6 瓣，外紫内白。白玉兰与广玉兰，虽同科同属，但彼此有不少差异：白玉兰，落叶乔木，叶纸质，先花后叶，花期 2～4 月；广玉兰，常绿乔木，叶革质，花期 5～6 月。

【花絮】上海等市市花。原产我国中南部山区，栽培历史悠久，屈原曾留下了"朝饮木兰之坠露兮，夕餐秋菊之落英"的佳句。

白玉兰因色如玉、香似兰而得名，在我国代表吉祥、富贵。其花雅香幽，历代骚人往往以"玉雪霓裳"状其姿色。

玉 兰

【明】眭石

霓裳片片晚妆新，束素亭亭玉殿春。

已向丹霞生浅晕，故将清露作芳尘。

梅

梅花
蔷薇科，李属

【形态特征】 落叶小乔木或灌木，高达10米，常具枝刺，树冠呈圆头形，树干灰褐色。单叶互生，叶宽卵形或卵形，叶缘锯齿细尖。花两性，先花后叶。花单生，也有2朵簇生，花色有白、粉、红、紫红等色，芳香，单瓣至重瓣。核果近球形。花期2～3月，果期5～7月。

【花絮】 南京、无锡、武汉、丹江口、南投等市市花。原产我国，栽培历史悠久。1975年在河南安阳殷墟遗址发现了炭化的梅核，经鉴定是距今3200年的商代遗物。

梅的寿命很长，一般可活三五百年，甚至千年以上。浙江天台山国清古寺的一株隋梅，已有1300多年的树龄，相传为佛教天台宗的创始人智凯大师亲手所植。

梅花是我国文化精神的象征。梅的精神已经渗透到民众的文化生活中，形成了独具特色的梅文化。人们称松、竹、梅为"岁寒三友"，称梅、兰、竹、菊为"四君子"。

谈到梅花，不能不提到陈俊愉院士。陈老从1943年就开始研究梅花，1998年被任命为国际梅品种登录权威，这是我国首次获得国际植物品名登录的殊荣。

卜算子·咏梅

毛泽东

风雨送春归，飞雪迎春到。已是悬崖百丈冰，犹有花枝俏。
俏也不争春，只把春来报。待到山花烂漫时，她在丛中笑。

山茶花

山茶、茶花、川茶
山茶科，山茶属

【形态特征】常绿灌木或小乔木，高可达15米，树冠卵形，树皮灰褐色。单叶互生，革质，倒卵形或椭圆形，叶表面深绿色有光泽，边缘有细锯齿，有些品种全缘。花两性，常单生或2～3朵着生于枝顶或叶腋，花有红、白、淡红等色，花瓣5～6枚，并有单瓣、重瓣之分。蒴果球形。花期2～4月，果期9～10月。

【识别提示】山茶花与茶梅同科同属，主要区别在于：山茶花的株高比茶梅要高许多；山茶花的花朵一般比茶梅花大；山茶花开花在早春，而茶梅在初冬。

【花絮】昆明、衡阳、温州、宁波、金华、重庆等市市花。山茶花分普通山茶花和云南山茶花。普通山茶花主要分布于长江流域，云南山茶花主要分布于西南地区，以云南最盛。

山茶花于1677年传到英国，20世纪初传到美国，现为世界名花之一。在浙江省瑞安市仙岩风景区内生长着一株山茶花，树高11.6米，胸径31厘米。据记载，此树乃植于唐玄宗天宝年间，距今已有1200多年的历史。1981年5月，美国《山茶花》杂志报道，瑞安这株山茶花是目前世界上已发现而保护下来的最古老的一种山茶花原生品种。我国植物分类学专家于1985年实地考察后说，没见过如此之大而古老的山茶花。

山茶花

【宋】陆游

东园三日雨兼风，桃李飘零扫地空。

惟有山茶偏耐久，绿丛又放数枝红。

迎春
金腰带、迎春花
木犀科，素馨属

【形态特征】 落叶灌木，高1～3米，枝条细长拱形，四棱形，嫩枝青绿。叶对生，小叶3枚，卵形至椭圆形。花先叶开放，单生叶腋，形如喇叭，花冠5～6裂，鲜黄色，清香。一般不结实。花期2～4月。

【识别提示】 迎春与云南黄素馨同科同属，主要区别在于：迎春是落叶灌木，而云南黄素馨是常绿灌木；迎春的花较小、花冠5～6裂，而云南黄素馨花较大、花冠2轮，常近于复瓣；迎春的花期比云南黄素馨早1个月左右；迎春的叶片比云南黄素馨的小一些。

迎春与金钟花的区别，参见"金钟花"。

【花絮】 鹤壁等市市花。原产我国，主要分布于华北、西北及西南山区，现各地广泛种植。秦岭一带至今还有野生的迎春，自生在灌木丛中和岩石缝里。

迎春早春开花，有迎接春天到来之意，故名"迎春"。又因其蔓状枝条上缀满黄灿灿的小花，形如金色的腰带，故又名"金腰带"。

迎春花期早，逢雪更显精神，故与梅花、水仙、山茶合称"雪中四友"。迎春以其独特的风韵、花色，特别是它那"带雪冲寒"的顽强个性，"迎得春来非自足，百花千卉共芬芳"的崇高风格，令无数文人倾倒。

玩迎春花，赠杨郎中
【唐】白居易
金英翠萼带春寒，黄色花中有几般。
凭君与向游人道，莫作蔓菁花眼看。

郁香忍冬

香忍冬、香吉利子
忍冬科，忍冬属

【形态特征】 半常绿灌木，高达2米，幼枝无毛或被疏刺刚毛。叶对生，卵状长圆形或倒卵状椭圆形，近革质。两花合生叶腋，花萼筒连合，无毛；花冠唇形，上唇4裂片，下唇长约1厘米，乳白色或淡红色斑纹，有芳香。浆果椭圆形，鲜红色。花期2～4月，果期4～5月。

【花絮】 产于我国山西、山东、河南及华东地区。喜光，也耐阴。喜肥沃、湿润土壤。耐旱，忌涝。枝叶茂盛，早春先叶开花，香气浓郁。适宜庭院附近、草坪边缘、园路旁及转角一隅、假山前后及亭际附近栽植。还可利用老桩盆栽配成桩景。

南京莫愁湖公园虽然不大，郁香忍冬倒有好几处。其中有一棵郁香忍冬，树不过一人多高，由一丛分支组成，枝繁叶茂，最粗的树干也只有手腕粗。但经有关专家判断，这棵郁香忍冬的树龄已有百年以上。

3月开花篇

垂柳 倒柳、垂丝柳
杨柳科，柳属

【形态特征】落叶乔木，高达18米，树冠倒广卵形，树皮深灰色，纵裂。单叶互生，叶窄披针形，叶缘有细锯齿。花单性，雌雄异株，雄花序先叶开放，花药成熟后自然开裂，花粉飞散而出；雌花序稍晚开放，雌花序是由若干朵小花组成的柔荑花序，每朵小花长成一个小蒴果。蒴果黄褐色。花期3~4月，果期4~5月。

【花絮】我国栽植柳树的历史十分悠久，《山海经》《神农本草经》中都有柳的记载。垂柳是我们最常见的柳，因其枝条下垂，故称"垂柳"。垂柳的适应性很强，其枝干有很强的萌生不定根的能力，"有心栽花花不开，无意插柳柳成荫"，就是垂柳萌生能力之体现。

历代文人爱柳者甚众，除咏柳外，还给自己取上一个与柳相关的名字或雅号。例如春秋时代有柳下惠，东晋陶渊明自称"五柳先生"，北宋欧阳修在扬州掘土种柳，所栽之柳称为"欧公柳"。明末清初蒲松龄在居所附近的泉边栽柳，便自居"柳泉居士"。现代文人中也有将自己的书斋以柳命名的，如史学家陈寅恪的书房名为"寒柳堂"，画家丰子恺的画室名为"小柳屋"。

柳树婀娜多姿，体态优美，自古以来深受人们的喜爱，历代文人以柳入诗文，可谓歌咏不绝。及至唐代，咏柳的诗词更是名篇迭出，甚至出现了曲名"杨柳枝"，用此曲咏柳抒怀。

种柳戏题

【唐】柳宗元

柳州柳刺史，种柳柳江边。

谈笑为故事，推移成昔年。

垂阴当覆地，耸干会参天。

好作思人树，惭无惠化传。

垂丝海棠 蔷薇科，苹果属

【形态特征】落叶乔木，高5米，小枝紫色或紫褐色。单叶互生，叶卵形，椭圆形至椭圆状卵形，叶缘锯齿细钝。伞形总状花序，有花4～7朵，玫瑰红色，后渐呈粉红色，花梗紫红色。梨果小，倒卵形，略带紫色。花期3～4月，果期9～10月。

【识别提示】垂丝海棠与贴梗海棠、西府海棠、木瓜海棠的区别，参见"贴梗海棠"。

海棠与秋海棠名称虽都带有"海棠"两字，但它们差异却较大：海棠是蔷薇科木本植物，春季开花；而秋海棠是秋海棠科草本植物，大多秋季开花。

【花絮】原产我国，华北、华东地区尤为常见，栽培历史悠久，是著名的观赏花木。

古人称梅花为国魂，牡丹为国花，海棠为花中神仙，三者都是传统名花，又是春天花中的佼佼者，故有"春花三杰"之称。

四川的海棠，历来称"天下奇绝"。宋代沈立不惜笔墨，写下《海棠百韵》，大夸特夸四川海棠。而居住四川多年的唐代大诗人杜甫却无咏海棠诗作，这是因为杜甫母亲的乳名叫海棠，故回避为海棠题诗。宋代诗人苏东坡在一次饯行的宴会上，曾题诗一首"东坡五载黄州住，何事无言及李宜。恰似西川杜工部，海棠虽好不吟诗"，点出了杜甫不咏海棠的掌故。

垂丝海棠
【宋】杨万里

垂丝别得一风光，谁道全输蜀海棠。
风搅玉皇红世界，日烘青帝紫衣裳。
懒无气力仍春醉，睡起精神欲晓妆。
举似老夫新句子，看渠桃李敢承当。

二月蓝

诸葛菜、紫金草
十字花科，诸葛菜属

【形态特征】一二年生草本，株高20～70厘米，全株光滑。叶无柄，基部有叶耳，抱茎，基生叶羽状裂，茎生叶倒卵状长圆形。顶生总状花序，花蓝紫色，花瓣4片。长角果，有4棱。花期3～6月，果期5～7月。

【花絮】原产我国东北、华北及华东，各地常见栽培。因其通常在农历二月前后开花，花蓝紫色，故而得名。花供观赏，嫩茎叶可做野菜食用。

为何叫"诸葛菜"呢？传说诸葛亮有一次出巡时见到一种称为"蔓菁"的菜，叶和茎都能吃，一时吃不完的可制成腌菜，待青黄不接时吃。于是下令士兵开荒种蔓菁，一方面补充军粮，另一方面又可作牲畜饲料。后世把这菜称为"诸葛菜"。

二月蓝还叫"紫金草"，据说20世纪40年代，在南京紫金山脚下生长的二月蓝，被一位名叫诚太郎的日本人带回国，种在自家阳台上，并取名为"紫金草"。后来草籽儿被播撒到各地，于是日本的原野到处都可见到开着淡蓝色小花的紫金草。

芜菁
【宋】陆游

注日芜菁不到吴，如今幽圃手亲锄。
凭谁为向曹瞒道，彻底无能合种蔬。
注：芜菁是二月蓝的别名。

枫香

枫香树、路路通
金缕梅科，枫香属

【形态特征】落叶大乔木，高达 40 米，树干通直，树皮幼时淡灰色，浅纵裂；老时变为黑褐色，不规则深裂。叶互生，常为掌状 3 裂叶，幼时或为 5 裂，边缘有细锯齿，纸质。花和新叶同时开放，色黄褐，花单性，雌雄同株，雄花序排列成柔荑花序，顶生；雌花序球状，单生叶腋。聚合果球形，灰褐色。花期 3 ~ 4 月，果期 10 月。

【识别提示】枫香与三角枫，分属不同的科，因而有许多差别，例如：枫香的果实是球果，而三角枫的果实是双翅果，二者差距甚远，很好辨认。但是在只有树叶的季节里，枫香与三角枫的树叶，都是 3 深裂，贸然看去差不多，仔细看去，叶形还是有差别的：枫香的树叶，看上去像三片长椭圆形叶片呈伞形组合，其中一片比较大为主，另外两片为辅；而三角枫的树叶，看上去像一个等腰三角形，并在底边中间凸出一个小三角形。

【花絮】分布于我国黄河以南至西南及广东、广西各地，台湾也有。

枫香在湿润肥沃土壤中能长成参天大树，十分壮丽。安徽省霍山县小南岳森林公园内有一棵奇特的"九桠树"，这棵"九桠树"就是枫香树，树高 24 米，胸围 330 厘米，奇特的是，此树从树干 3 米多高处天然长出 9 根枝桠，9 根枝桠几乎从同一部位发出，斜丛状扩散，每根枝桠都生长旺盛，使树冠像一把撑开的巨伞。据说在清朝乾隆年间，这棵九桠树就存在了，估计树龄不低于 300 年。枫香树结的果实俗称"路路通"，能舒筋活血、祛风明目，不少村民都来拾取落果，置家备用。

红叶李 紫叶李
蔷薇科，李属

【形态特征】落叶小乔木，高6～8米，小枝光滑无毛，紫红色。幼枝、叶片、花柄、花萼、雌蕊及果实都呈暗红色。叶片卵形至倒卵形，叶缘具尖细重锯齿，背面沿主脉有柔毛。花两性，单生，花常单朵，有时2～3朵簇生，淡红色。核果球形，暗红色。花期3～5月，果期8～9月。

【花絮】据文献记载，李是我国古代最早的果树之一，向来以桃李并称。成语"桃李不言，下自成蹊"可见一斑。早在春秋战国时期，李树已由野生变为家种。汉武帝修上林苑，已经有李品种15个，其中提到山东进贡的"颜渊李"，由此可见，2000年前山东已经普遍栽培李树。《齐民要术》记载李的品种30多个，其中紫李就是红叶李。

红叶李以叶色闻名，在其整个生长期间满树红叶，春、秋两季叶色更艳。宜在草坪、广场及建筑物附近栽种。在园林中若与常绿树配植，则绿树红叶相映成趣。

结香

打结花
瑞香科，结香属

【形态特征】落叶灌木，高达 2 米，枝条粗壮，常三叉分枝。单叶互生，常簇生于枝端，纸质，椭圆状长圆形或椭圆状披针形，全缘。顶生头状花序，花黄色，芳香，花被筒状，外面密生绢状柔毛。核果卵形。花期 3～4 月，果期 5～6 月。

【有毒提示】结香含有瑞香毒素，有小毒，还含有草酸钙晶体，可致皮肤过敏。

【花絮】主要分布于我国陕西、江苏、安徽、浙江、江西、河南等地，其他地区亦有。

结香的最大特点是枝条很柔软，容易在枝条上打结。此外，结香的花朵有香气，故名"结香"，也叫"打结花"。据说，枝条上的结越多，花越香。

结香不仅有较高的观赏价值，还对保护环境、抑制白蚁有独特作用。结香全株可入药，能消肿止痛，可治跌打损伤、风湿疼痛；花晒干入中药，称为"檬球花"。

金钟花

金钟连翘、黄金条
木犀科，连翘属

【形态特征】落叶灌木，高1.5～3米，枝条直立，小枝近四棱形，微弯拱。单叶对生，椭圆形或长椭圆状披针形，上半部有粗齿，基部全缘。花1～3朵簇生，深黄色，花冠深4裂，狭长圆形，反卷，先叶开放。蒴果卵圆形。花期3～5月，果期7～8月。

【识别提示】金钟花与迎春，都是早春先花后叶的观花灌木，甚至都叫"迎春花"，主要区别在于：金钟花是连翘属，花冠4裂，开花时间比迎春要迟一些，单叶对生，叶较大，有蒴果；而迎春是素馨属，花冠通常5～6裂，叶对生，小叶3枚，一般不结果。

【花絮】分布于我国江苏、福建、湖北、四川等地，多生长在海拔500～1000米的沟谷、林缘与灌木丛中。

金钟花先花后叶，一串串钟形的花朵挂满枝头，金黄灿烂，故得名"金钟花"。

金钟花喜光，耐半阴，耐寒，不择土壤，耐干旱瘠薄。黄河以南地区夏季不需遮荫，冬季无需入室。

金钟花是园林中早春观花灌木，适宜宅旁、亭阶、篱下与路边配置，若在溪边、池畔、假山下栽种，亦甚相宜。它根系发达，可作护堤树栽植。金钟花的茎、叶、果实、根，均可入药。

阔叶十大功劳

土黄柏
小檗科，十大功劳属

【形态特征】常绿灌木，高3～4米。奇数羽状复叶互生，坚硬革质，无柄，顶生小叶较大，有柄，顶端渐尖，基部阔楔形或近圆形，每边有2～8刺锯齿；侧生小叶基部偏斜，叶表有光泽。总状花序直立，6～9条簇生，花黄褐色。浆果卵形，暗蓝色，有白粉。花期3～4月，果期5月。

【识别提示】阔叶十大功劳与狭叶十大功劳，虽然同科同属，但是有许多差异，参见"狭叶十大功劳"。

【花絮】分布于我国南部、中部及华东地区，生于低海拔山坡或灌木丛中。

关于十大功劳名字的来历，一种说法是，"十大功劳"来源于它在中医用药中有清热、止咳、凉血等十种不同的功效，所以叫它十大功劳；另一种说法是，"十大功劳"来源于古代的一次战争，有一位打了胜仗的将军，认为这种植物为他的胜利立下了十大功劳，于是赐以此名。十大功劳全株都可药用，第一种说法更可信些。

阔叶十大功劳喜光，耐半阴，喜温暖湿润气候，不耐寒，以排水良好的沙壤土为佳。阔叶十大功劳四季常青，枝叶奇特，秋后渐变红色，鲜艳悦目，适于布置树坛、庭院、水榭等。

毛白杨 杨柳科，杨属

【形态特征】落叶乔木，高达30～40米，树冠卵圆形或卵形，树干通直，枝有长枝和短枝。单叶互生，长枝上的叶三角状卵形，叶缘具缺刻状锯齿；短枝上的叶卵形或三角状卵形，具深波状缺刻。花单性，先花后叶，柔荑花序，花暗红色，雌雄异株，雄花序比雌花序长。蒴果小，圆锥形，2瓣裂。花期3～4月，果期4～5月。

【花絮】《晋书》记载"长安大街，夹树杨槐"，可见早在1300年前我国城市已种植杨树了。

杨树是速生乔木，我国民间有"三年椽、五年檀、十年梁"的说法，农村中也流传"要想富，栽杨树"之说。

在国外最先认识到杨树速生价值的是意大利。二次大战后，意大利经过二三十年的努力，营造了杨树人工林15万公顷，年产木材300万立方米，满足了本国50%的木材需求。从此，欧洲各国把栽杨树作为解决木材短缺的一个主要手段。

茅盾在《白杨礼赞》中描述了白杨的形态和品质，说它正直、质朴、坚强不屈、挺拔，是树中的伟丈夫！

水龙吟·次韵章质夫杨花词
【宋】苏轼

似花还似非花，也无人惜从教坠。
抛家傍路，思量却是，无情有思。
萦损柔肠，困酣娇眼，欲开还闭。
梦随风万里，寻郎去处，又还被、莺呼起。
不恨此花飞尽，恨西园、落红难缀。
晓来雨过，遗踪何在？一池萍碎。
春色三分，二分尘土，一分流水。
细看来、不是杨花点点，是离人泪。

泡桐

【形态特征】落叶乔木，高可达27米，树冠宽卵形或圆形，树皮灰褐色。单叶对生，长卵形至椭圆状长卵形，全缘或呈波状。花两性，聚伞状圆锥花序，每年秋季生花蕾，次年春季先叶开花，顶生，花大，花冠漏斗状，乳白色或微带紫色，有香气。蒴果大，椭圆形，外果皮硬壳质。花期3～4月，果期9～10月。

【花絮】原产于我国，很早就被引种到越南、日本等亚洲各地。目前已经分布到全世界。泡桐在我国栽培历史悠久，北宋陈翥所著《桐谱》一书，比较全面地记载了古代劳动人民在泡桐栽培和桐木利用方面的丰富经验，至今仍有重要参考价值。

玄参科植物绝大多数是草本灌木，唯独泡桐属植物是高大乔木，因此泡桐被称为"玄参科中的巨人"。

泡桐的最大特点是生长快，比柳树还快，民间流传"三年成林，五年成材"的说法，可见泡桐生长之快。传说在日本如果生了女孩，会在屋前种上一株泡桐树，等到女儿出嫁时，这株泡桐的木材可以为女儿打出全套的嫁妆家具。

泡桐树姿优美，花色美丽鲜艳，并有较强的净化空气和抗大气污染的能力，是城市和工矿区绿化的好树种。泡桐材质优良，特别适合制作航空、舰船模型等；由于其木质疏松，共振性好，适合制作乐器。泡桐的叶、花、果和树皮可入药。

泡 桐

孙轶青

黄河侧畔泡桐多，倒挂繁花似紫罗。
兰考英雄致富路，首凭此树镇沙魔。

洒金千头柏 柏科，侧柏属

【形态特征】常绿灌木，高1.5米左右，无明显主干，枝条丛生，树冠阔圆形。叶鳞片状，交互对生，鲜绿色，嫩叶金黄色。雌雄球花皆生于小枝顶端，雄球花黄褐色，卵圆形，长约2毫米；雌球花近球形，径约2毫米，红褐色，被白粉。球果卵圆形，种鳞木质，扁平，熟时开裂，种子长卵圆形，无翅。花期3～4月，果期9～10月。

【花絮】我国特产，原产东北、华北地区，现全国各地广为栽培。

洒金千头柏是侧柏属中常见栽培品种之一，侧柏属中的另一种植物侧柏是高达20米以上的乔木，虽然二者在高度上相差特别大，但是其叶、花、果却是十分相似的。

洒金千头柏喜光，有一定耐阴力。能适应干凉和温暖气候。喜深厚肥沃、湿润、排水良好的钙质土壤，但在酸性、中性、微碱性土壤上均能生长。洒金千头柏侧根发达，萌芽性强，耐修剪。洒金千头柏寿命长，抗烟尘，抗有毒气体。

洒金千头柏枝叶洒金，黄绿相间，十分美观，可孤植、丛植观赏。枝叶、根皮和种子可入药，有止血、祛风湿、利尿、止咳等效用。

杉木

刺杉
杉科，杉木属

【形态特征】常绿乔木，高达 30 米，树冠尖塔形，树皮灰褐色，长条片状剥落。叶条状披针形，互生，在主枝上辐射伸展，在侧枝上扭成 2 列状，叶缘有细锯齿，叶先端刺尖，革质，坚硬。雄球花簇生枝顶；雌球花单生，或 2～3 朵簇生枝顶。球果下垂，卵球形，熟时黄棕色，种子长卵形，扁平，暗褐色，两侧有窄翅。花期 3～4 月，果期 10～11 月。

【花絮】我国特有的速生树种，长江以南广泛用于造林，长江以北也有不少地区引种栽培。我国栽培和利用杉木的历史悠久。

杉木 18 世纪流入英国，在英国南方生长良好，视为珍贵的观赏树。美国、德国、荷兰、波兰、丹麦、日本等国植物园中均有栽培。

在安徽省铜陵县境内的叶山，有一株高大的杉木，树高 26 米，胸围 4 米多，冠幅直径 15 米，树龄已有六七百年。当地群众称它为"参加过"革命的杉木古树。19 世纪中叶，太平天国军曾在这株杉木树下庆贺抗清胜利。1937 年叶山人民在这株杉木树下成立一支地下抗日小分队。1943 年新四军又在这株杉木附近设立地下兵工厂。现在这株杉木古树已成为当地森林公园的一个景点，也是爱国主义教育的一个基地。

桃

桃树、桃花
蔷薇科，李属

【形态特征】落叶小乔木，高达8米，树皮暗红色。单叶互生，椭圆状披针形，有时为倒卵状披针形，叶缘有粗锯齿，叶柄有液体。花两性，花常单生，先叶开放，多粉红色，变种有深红、绯红、纯白、红白等色。核果近球形，外有绒毛，淡黄色，有红晕。花期3～4月，果期6～7月。

【花絮】桃园等市市花。原产我国，《诗经》中有"桃之夭夭，灼灼其华"的名句，可见在3000多年前，美丽的桃花就已经点缀华夏大地。

有关桃花的故事甚多，这里介绍"人面桃花"的故事。唐代有个叫崔护的书生，举进士不第，在清明节游长安南郊。崔护来到桃花盛开的小村庄，因口渴便向农家讨水喝。一位姑娘给他倒了一杯水，然后独自靠着桃树，含情脉脉地瞧他喝水。崔护喝完水与姑娘道别，姑娘露出依依不舍之情。第二年的清明节，崔护又来到这里，不见姑娘身影，便在门上题诗"去年今日此门中，人面桃花相映红。人面不知何处在，桃花依旧笑春风。"又过数日，他再次前往探访，谁知那姑娘因思念他忧郁而死。崔护悲悔至极，在尸体旁大呼"崔护在此！"不曾想姑娘竟又复活过来，两人便结为夫妻。从此，人面桃花就成了失恋的代名词，村中的那种桃花也称为"人面桃"。

咏　桃

【唐】李世民

禁苑春晖丽，花蹊绮树妆。
缀条深浅色，点露参差光。
向日分千笑，迎风共一香。
如何仙岭侧，独秀隐遥芳。

桃叶珊瑚

洒金桃叶珊瑚
山茱萸科，桃叶珊瑚属

【形态特征】常绿灌木，高2～3米，小枝粗圆。叶对生，叶片椭圆状卵圆形至长椭圆形，油绿，光泽，散生大小不等的黄色或淡黄色的斑点，叶缘疏生锯齿。圆锥花序顶生，花小，紫红色或暗紫色。浆果状核果，鲜红色。花期3～4月，果期11月至翌年2月。

【花絮】原产我国台湾及日本，目前各地已经作为观赏植物栽种。

桃叶珊瑚属耐阴灌木，夏季怕强光暴晒。喜温暖湿润环境，土壤以肥沃、疏松、排水良好的壤土为宜。

桃叶珊瑚叶色青翠光亮，密有黄色斑点，冬季深红色果实鲜艳夺目，适宜庭院、池畔、墙隅和高架桥下配置点缀。盆栽适宜室内厅堂陈设。

公园常见花木识别与欣赏

贴梗海棠

皱皮木瓜
蔷薇科，木瓜属

【形态特征】落叶灌木，高达 2 米，小枝开展无毛，有枝刺。单叶互生，卵状椭圆形，叶缘有芒状齿。花 3～5 朵簇生于 2 年生枝上，朱红色，稀淡红色或白色，花柄极短。梨果卵圆形，果大贴梗，黄色，芳香。花期 3～5 月，果期 9～10 月。

【识别提示】海棠有四品，即垂丝、西府、贴梗和木瓜海棠。垂丝海棠、西府海棠是苹果属，而贴梗海棠、木瓜海棠是木瓜属。前两种较高大，后两种相对较矮小；前两种果实类似苹果，后两种果实类似木瓜。

【花絮】产于我国华北南部、西北东部和华中地区，现全国各地均有栽培。其花柄极短，数朵成簇贴枝而生，故名"贴梗海棠"。

海棠歌
【宋】陆游

我初入蜀髪未霜，南充樊亭看海棠。
当时已谓目未睹，岂知更有碧鸡坊。
碧鸡海棠天下绝，枝枝似染猩猩血。
蜀姬艳妆肯让人，花前顿觉无颜色。
扁舟东下八千里，桃李真成仆奴尔。
若使海棠根可移，扬州芍药应羞死。
风雨春残杜鹃哭，夜夜寒衾梦还蜀。
何从乞得不死方，更看千年未为足。

注：诗人壮年从军四川，对四川海棠一往情深。诗中描述了离开四川东归后，念念不忘曾在成都赏海棠的日子，以致做梦也想回四川去。

樱花 蔷薇科，李属

【形态特征】落叶乔木，高可达 25 米，树皮暗栗褐色，光滑，有光泽，具横纹。单叶互生，卵形至倒卵形，先端较尖，边缘有芒状锯齿，表面浓绿色，背面苍白色，叶柄向阳面紫红色。花两性，小花 3～5 朵集成伞形总状或伞房状花序，先花后叶，或与叶同放，花白色或淡红色。核果近球形，熟时紫褐色。花期 3～4 月，果期 7～9 月。

【花絮】主产我国长江流域，朝鲜、日本均有分布。世界上有 800 多种樱花，日本就占了半数，素有"樱花之国"美称。樱花成为日本的国花，每年 3 月 15 日 至 4 月 15 日定为"樱花节"。

民谚说"樱花 7 日"，一朵樱花从开放到凋谢大约为 7 天，整棵樱花树从开花到全谢大约 16 天，从而形成樱花边开边落的特点。

周恩来青年时代留学日本时，非常喜爱樱花，在他的诗作中，有很多是赞美樱花的。例如《春日偶成》中描写樱花为，"樱花红陌上，柳叶绿池边。燕子声声里，相思又一年。"周总理生前在自己所住的院子里也栽了两株樱花。

1972 年，日本首相田中角荣访问我国时，特地赠送 1 000 棵樱花树苗，其中 180 棵种在了北京的玉渊潭公园。如今，玉渊潭公园已经成了北京市民春游赏樱的绝妙去处。

郁金香

洋荷花、草麝香
百合科，郁金香属

【形态特征】多年生草本，株高20～40厘米，鳞茎卵球形。叶阔披针形，通常3～5枚，叶缘具波。花茎高30～50厘米，顶生1花，稀有2朵，花直立，花形有杯、碗、卵、百合花等形，花色有红、橙、黄、紫、黑、白等色或复色，花瓣有单瓣、重瓣。花白天开放，夜间或阴雨天闭合。蒴果圆柱状。花期3～5月，果期5～6月。

【有毒提示】郁金香花朵中含有毒碱，接触过久会使人头昏脑胀，还会使人的毛发脱落。

郁金香

【唐】段成式

出意挑鬓一尺长，金为钿鸟簇钗梁。
郁金种得花茸细，添入春衫领里香。

【花絮】原产我国西藏、新疆和青海等高山地带，土耳其等地也有分布。

在土耳其，每年夏至都会举行盛大的郁金香节，并评选出最美丽的少女作为郁金香女王，由众人簇拥着举行多姿多彩的游行。这个节目一直保持到今天，郁金香被土耳其推崇为国花。

大仲马曾说，郁金香是"艳丽得叫人睁不开眼睛，完美得让人透不过气来"的花中皇后，令无数人为之倾倒。

郁金香对氟化物很敏感，微量的氟化物就会使郁金香叶尖出现黄褐色伤斑，因此，郁金香可以作为大气中氟含量的指示花卉。

云南黄素馨

云南迎春、野迎春
木犀科，素馨属

【形态特征】常绿灌木，小枝无毛，四方形浅棱。叶对生，小叶3枚，长椭圆状披针形，顶端1枚较大，基部渐狭成一短柄，侧生2枚小而无柄。花单生，淡黄色，有香气，花瓣较花筒长，花冠2轮，常近于复瓣。花期3～4月。

【识别提示】云南黄素馨与探春同科同属，主要区别：云南黄素馨花单生，花大，开花时间比探春早1～2个月，而探春是聚伞花序，花小；云南黄素馨的叶对生，而探春的叶互生。

云南黄素馨与迎春的区别，参见"迎春"。

【花絮】原产我国云南、四川、贵州，现各地广泛栽培。喜温暖湿润气候，略耐干旱，有一定抗寒力。繁殖栽培容易，生长季节扦插极易生根。

云南黄素馨枝长而柔软，下垂或攀援，碧叶黄花，为一美丽的观赏植物。最适宜植于堤岸、岩边、台地、阶前边缘。在林缘坡地片植，还能防止泥土失散。

4月开花篇

白皮松
白骨松
松科，松属

【形态特征】常绿乔木，高达 30 米。幼树树皮灰绿色，平滑，大树树皮淡褐灰色，剥落处灰绿白色，此后变为白色。叶针形，三针一束。花雌雄同株，雄球花生于新枝下部，雌球花生于新枝顶部。球果圆锥状卵形，熟时淡黄褐色。花期 4～5 月，果期翌年 9～11 月。

【花絮】我国特有的珍贵树种，山东、山西等省均有分布，现各地都有栽培。

20 年树龄的白皮松开始脱皮，树干上老皮鳞片状剥落后，呈现出耀眼的白色，看上去仿佛银鳞生辉，故名白皮松。

白皮松生长缓慢，寿命很长，西安温国寺旧址有约 1300 年的古松，北京北海公园旁团城内的古白皮松"白袍将军"也近 1000 年了。山西陵川县有一株"千年白皮松王"，树高 10 多米，树围 3 米多，当地百姓称它为风水树和神树，倍加呵护。

20 世纪 20 年代，担任过中国林业顾问的雪菲席称赞白皮松"树皮白净，耀人眼目，为所有白色的树木中最杰出者之一，俨如挺立于鸡群中的仙鹤，且干形优美奇特，针叶异常柔韧细软"。

白 松

【明】张著

叶坠银钗细，花飞香粉干。
寺门烟雨里，混作白龙看。

秤锤树 野茉莉科，秤锤树属

【形态特征】落叶小乔木，高3～7米，树皮棕色。叶互生，椭圆形至椭圆状倒卵形，叶缘有硬骨质细锯齿。聚伞花序腋生，每个花序有花3～5朵，花白色。果实卵圆形，木质，有白色斑纹，顶端宽圆锥形，下半部倒卵形，形似秤锤，花期4～5月，果期9～10月。

【花絮】江苏省特有植物，产于南京、江宁等地。秤锤树的果实极像秤锤，故而得名。秤锤树是1927年在南京幕府山发现的，目前为国家二级保护濒危树种。

野生的秤锤树为何成为濒危树种？专家的解释是：秤锤树的种子太嗜睡了。秤锤树的种子壳又硬又厚，常常处于深睡眠状态，发芽一般都得两三年，如果不能适应环境，存活几率就大大降低。

对秤锤树种子的"瞌睡病"，专家已经想出几种治疗办法。一旦找到有着"纯正血统"的种源后，野生秤锤树有望经过两年左右的时间复苏。

棣棠

棣棠花
蔷薇科，棣棠属

【形态特征】落叶灌木，高1～2米，小枝绿色，有棱。单叶互生，卵状椭圆形，叶缘具不规则重锯齿。花单生侧枝顶端，金黄色，直径3～4.5厘米，萼、鳞各5。瘦果扁球形。花期4～5月，果期7～8月。

【花絮】原产我国和日本。我国分布于华北至华南一带。

棣棠对土壤要求不严，性喜温暖、半阴之地，比较耐寒。至今我国长江流域山区及秦岭还有野生棣棠花。

棣棠花有两个变种：重瓣棣棠花和白棣棠花。重瓣棣棠花，花金黄色，重瓣，圆球形，有香气，不结实。在古代，胖乎乎的重瓣棣棠花受到普遍喜爱，被认为是最有观赏价值的品种。白棣棠花较罕见，很受日本人推崇。

道傍棣棠花

【宋】范成大

乍晴芳草竞怀新，
谁种幽花隔路尘。
绿地缕金罗结带，
为谁开放可怜春。

丁香
丁香花、紫丁香
木犀科,丁香属

【形态特征】落叶小乔木,高达 2 ~ 4 米,小枝粗壮。单叶对生,广卵形或肾形,基部近心形,全缘。花两性,圆锥花序顶生或侧生;花冠细小,漏斗状,具深浅不同的 4 裂片;花白、紫、紫红及蓝紫等色。蒴果长圆形,先端尖。花期 4 ~ 5 月,果期 9 ~ 10 月。

【花絮】西宁、呼和浩特、哈尔滨等市市花。我国栽培丁香的历史可以追溯到宋代,当时园林中已经采用密集栽植丁香形成"丁香障"。

丁香花序内每朵小花呈细小筒状,外形似钉,而香气浓郁,故称"丁香"。 北京妙峰山有野生丁香大树,高达 12 米,直径近 1 米,堪称"丁香王"。

民间流传着一副"联姻对":上联为"冰冷酒,一点,二点,三点,点点在心",下联是"丁香花,百头,千头,萬头,头头是道"。其奥妙就在这"冰冷酒"三字的偏旁,依次是一点水,二点水,三点水;而"丁香花"三字的字首,依次是百字头,千字头,萬字头(繁写的万)。这表达了世代姻缘像千万枝丁香花一样繁花似锦的美好愿望。

丁香被广泛种于佛家之地,誉为"四海菩提树"。

丁 香
【唐】杜甫

丁香体柔弱,乱结枝犹垫。
细叶带浮毛,疏花披素艳。
深栽小斋后,庶使幽人占。
晚堕兰麝中,休怀粉身念。

杜鹃

杜鹃花、映山红
杜鹃花科，杜鹃花属

【形态特征】落叶或半常绿灌木，高2～3米，分枝细而多，枝叶及花梗均密被黄褐色糙伏毛。单叶互生，纸质，卵状椭圆形，全缘。总状花序，花单生或2～6朵簇生枝端，花冠鲜红或深红色，花色多样。蒴果卵圆形，花期4～5月，果期10月。

【花絮】丹东、珠海、大理、无锡、嘉兴、九江、井冈山、长沙、台北、新竹等市市花。杜鹃在我国栽培历史悠久，到唐代杜鹃花已视为珍品，和报春花、龙胆花合称为我国的三大名花。杜鹃花在西藏称为格桑花，在朝鲜称为金达莱花。民间传说杜鹃花是杜鹃鸟滴血染成的。周代末期蜀王杜宇，念及丞相治水有功，就将帝位让与丞相，死后变成了美丽的杜鹃鸟。化鸟之后，仍关心老百姓的五谷丰收问题，春天一来，总要呼唤人们"布谷"，提醒人们及时播种。杜鹃鸟昼夜啼叫不止，直叫得嘴里流血，鲜红的血洒落漫山遍野，化成一朵朵美丽的鲜花，人们叫它们杜鹃花。

宣城见杜鹃花

【唐】李白

蜀国曾闻子规鸟，
宣城还见杜鹃花。
一叫一回肠一断，
三春三月忆三巴。

枫杨

元宝树
胡桃科，枫杨属

【形态特征】落叶乔木，高达30米，幼树皮红褐色，平滑，老树皮灰色，深纵裂。偶数羽状复叶，互生，叶轴有窄翅，小叶对生，长圆形或长圆状披针形，具细锯齿。花单性，雌雄同株，雄柔荑花序单生叶腋内，下垂；雌柔荑花序顶生，倒垂。果实长椭圆形，每个果上有2小苞片发育成的翅。花期4～5月，果期8～9月。

【花絮】我国原产树种，栽培利用已有数百年的历史，现广泛分布于华北、华南各地。枫杨树的果实，恰似一串一串的小元宝，因此被称作元宝树。

安徽省巢湖市温泉古镇汤池，有大自然赐予的天然氧吧相思林。相思林是一条2千米长的林带，以枫杨树为主，树龄最长的有一二百年，相传汉代长篇叙事诗"孔雀东南飞"的故事就发生在这里。2005年孔雀东南飞纪念祠堂在相思林中建成，祠堂内的蜡像群塑再现了焦仲卿和刘兰芝从恩爱到被迫分离的情景。

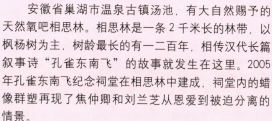

珙桐

鸽子树
珙桐科，珙桐属

【形态特征】落叶乔木，高20米，树皮深灰褐色，呈不规则片状脱落。单叶互生，纸质，宽卵形至近心形，边缘有粗锯齿，下面密生茸毛。花杂性同株，头状花序顶生，基部有两枚白色叶状大苞片，卵状椭圆形。核果椭球形，常绿色。花期4～5月，果期10月。

【花絮】珙桐树于1870年在我国首次发现，1903年传入英国。现在美国白宫门前和瑞士日内瓦街头的珙桐树，都是从我国引种栽培的。

每朵珙桐花有两片宽而长的白色大苞片，一左一右酷似鸽子翅膀，暗红色的头状花序犹如鸽子的头部。珙桐花盛开时期，静如一群白鸽息于绿荫丛中，动如一群白鸽扇动翅膀，所以国外称珙桐为"中国鸽子树"。

也有人说，珙桐树称为鸽子树源于一个动人的爱情故事。从前有位公主，名叫白鸽，她与一个名叫珙桐的农家小伙相爱。对此父皇坚决反对，派人将珙桐杀害。白鸽公主知道后，来到珙桐遇难的地方，哭得死去活来。忽然，雷声大作，暴雨倾盆，一棵小树破土而出，转瞬间长成了参天大树。公主情不自禁伸开双臂扑向大树。霎时，大雨停了，雷声息了，只见数不尽的洁白的花朵挂满了大树，好像白鸽落满枝头。

枸骨

猫儿刺、鸟不宿
冬青科，冬青属

【形态特征】 常绿灌木或小乔木，高3～4米，树皮灰白色，平滑。单叶互生，硬革质，矩圆状四方形，叶尖，顶端有3枚尖硬刺齿，两侧各有1～2刺齿，有时全缘，表面深绿而有光泽。花簇生于2年生枝叶腋，花小，黄绿色。核果球形，熟时鲜红色。花期4～5月，果期10～11月。

【识别提示】 公园里叶带硬刺的植物不多，其中枸骨、阔叶十大功劳是比较典型的。二者分属不同的科，差异很大，花、果的形态以及开花结果时间各不相同，很容易区别。这里着重提醒的是无花无果期间，如何从树叶方面加以辨认。枸骨的树叶，矩圆状四方形，颇像古代的钱币形状，两侧各有1～2刺齿；阔叶十大功劳的树叶，奇数羽状复叶互生，小叶7～15枚，每边有2～8刺锯齿。

此外，公园中也有"无刺枸骨"，其主要特点是叶子不带刺，其余同枸骨。

【花絮】 原产我国长江中下游地区，后传入欧洲。枸骨的小枝叶长得很密，并长有硬刺，鸟不能在上面做窝，故别名"鸟不宿"。

基督教进行宗教活动，常将鸟不宿作圣诞树。用鸟不宿树枝扎成彩门，或作盆景、盆栽布置会场。西方社会还有一个习俗，以鸟不宿为慎重之象征，如有亲友外出，赠送鲜花束中夹有一枝鸟不宿含有叮咛小心谨慎之意。

圣诞树——鸟不宿
徐海宾
圣诞树头万点红，活像福至鸿运通。
锦绣前程宜慎重，好鸟不投带刺丛。

含笑

香蕉花、含笑花
木兰科，含笑属

【形态特征】常绿灌木或小乔木，高 2～3 米，树皮灰褐色，芽、幼枝、叶柄、花梗均被锈褐色茸毛。单叶互生，革质，倒卵状椭圆形，全缘。花单生叶腋，花被片 6 枚，肉质，初开时白色，而后渐为淡黄色，边缘常带紫晕色，具香蕉香味。蓇葖果卵圆形。花期 4～5 月，果期 8～9 月。

【花絮】原产我国广东、福建及广西东南部，现长江流域广为栽培。广东、福建两省，一年一度的花市中都用含笑花来展示风采。海南含笑很多，几乎家家栽培，处处种植。北方的含笑主要是盆栽，需要温室栽种。

含笑开花时其花瓣不完全张开，半开半含，似掩口而笑，故称"含笑"。含笑花香气浓烈，散发出成熟香蕉的香味，故也叫"香蕉花"。

含笑花

【宋】杨万里

秋来二笑再芬芳，
紫笑何如白笑强。
只有此花偷不得，
无人知处忽然香。

红花酢浆草

三叶草
酢浆草科, 酢浆草属

【形态特征】多年生草本, 高约35厘米, 地下具球形根茎, 白色透明。叶丛生, 叶柄较长, 小叶3枚, 倒心形, 三角状排列。花自叶丛中抽生, 伞形花序顶生, 总花梗稍高出叶丛, 花瓣5枚, 玫瑰红色。蒴果角果状, 有毛。花期4~10月, 果期5~11月。

【花絮】原产巴西及南非好望角, 我国各地多有栽培。花与叶对阳光均敏感, 白天、晴天开放, 夜间及阴雨天闭合。

红花酢浆草的茎上有三片叶子, 于是人们称它"三叶草"。千百年来, 三叶草有着许多美好的传说, 被赋予了极为丰富的文化内涵。有人说三叶草的三片叶子代表着健康、荣誉、财富, 也有人说三叶草的三片叶子代表着亲情、友情、爱情。在欧洲, 三叶草还被人们奉为"幸运草", 每年的圣巴特里克节上, 爱尔兰人都要佩戴上三叶草以祈求圣巴特里克赐予他们自由、幸福和希望。

红花檵木

红檵花
金缕梅科，檵木属

【形态特征】常绿灌木或小乔木，株高可达 10 米，树皮灰色，小枝、嫩叶及花萼均有锈色星状毛。叶互生，革质，卵形，全缘，嫩枝淡红色，越冬老叶暗红色。花 4～8 朵簇生于总状花梗上，呈顶生头状或短穗状花序，肉红色，花瓣 4 枚，淡紫红色，带状线形。蒴果木质，倒卵圆形。花期 4～5 月，果期 8～9 月。

【花絮】株洲等市市花。檵木属共有 4 个种和 1 个变种，其中白檵木、大果檵木、大花檵木 3 个种和红花檵木变种，产于我国。1973 年首次报道了红花檵木变种，变种的叶与原种相同，花紫红色，长 2 厘米，分布于湖南长沙岳麓山一带。

　　湖南省红花檵木新的变异类型较多，根据红花檵木植体、毛被、器官形状、色泽等形态特征，将其划分为原型、次变型和新变型 3 大类型，又根据春花开放先后分为早、中、迟 3 个类型。

　　红花檵木参加国际、国内花展，连续多年获奖，展品很受国内外园艺工作者，特别是香港市民的欢迎。红花檵木已经蜚声海外。

　　在长沙地区，红花檵木一年四季都能开花。

黄杨

瓜子黄杨
黄杨科，黄杨属

【形态特征】常绿灌木或小乔木，高可达7米，树皮灰色，有规则剥裂，茎枝有4棱。叶对生，革质，倒卵形或椭圆形，全缘，先端常有小凹口。花簇生叶腋或枝端，花黄绿色。蒴果卵圆形，3瓣裂。熟时黑色。花期4月，果期7～8月。

【识别提示】黄杨与大叶黄杨，虽然都带"黄杨"两字，但差异很大。黄杨是黄杨科黄杨属，别名瓜子黄杨；而大叶黄杨，是卫矛科卫矛属，别名冬青卫矛。二者在花、果等方面都有明显差别。黄杨的花，簇生叶腋或枝端，花黄绿色，花期4月；蒴果卵圆形，3瓣裂，果期7～8月。而大叶黄杨的花，绿白色，聚伞花序腋生，花期5～6月；蒴果扁圆至圆形，粉红色，熟时4瓣裂，假种皮橘红色，果期9～10月。

【花絮】原产我国西南、华中以及福建、浙江、江苏各省，现各地都有栽培。黄杨是长寿树种，江苏苏州光福司徒庙门前有一棵老黄杨树，树高10米多，胸径30厘米，相传树龄有700余年。

黄杨叶形宛如瓜子，故得名"瓜子黄杨"。黄杨对多种有毒气体抗性强，并能净化空气，是厂矿区绿化、美化环境的重要树种。

火棘

火把果、救军粮
蔷薇科，火棘属

【形态特征】常绿灌木或小乔木，高达3米，枝拱形下垂。单叶互生，叶倒卵形或倒卵状长圆形，边缘有钝锯齿，两面无毛。花白色，由多花集成复伞房花序。梨果小，近球形，深红色或橘红色。花期4～5月，果期9～11月。

【花絮】分布于我国华东、华中以及西南地区。火棘枝叶茂盛，初夏白花繁密，入秋红果累累，极富观赏价值。在园林庭园中常作绿篱，或丛植、孤植于草地边缘与园路转角处。

关于火棘别名救军粮的来历，有两种传说。其一，诸葛亮的军队有一次靠吃火棘的果实挽救了生命。其二，一位受伤的红军气息奄奄，正好遇着个姑娘，姑娘摘了许多野果子喂他，结果红军得救了，而姑娘却因摘果子而跌下山崖。第二年，满山遍野的火棘结满了红艳艳的果子，人们说，那是姑娘的血。

火棘还有别名火把果，每年的农历六月二十四，是彝族的传统节日火把节，此时满山的火把果竞相成熟，火红的火把果代表了彝族人民火热的心，向往火热的生活。

锦带花

五色海棠、文官花
忍冬科，锦带花属

【形态特征】落叶灌木，高达 3 米，小枝幼时有 2 列柔毛。单叶对生，椭圆形，叶缘有锯齿，背面脉上密生柔毛。花 1～4 朵成聚伞花序，腋生或顶生，花冠漏斗状钟形，花径约 3 厘米，初为白色，后为玫瑰红色。蒴果柱状，种子无翅。花期 4～6 月，果期 10 月。

【花絮】产我国东北、华北、华南各省。俄罗斯、日本、朝鲜也有分布。

　　锦带花的变种、品种较多，常见品种有：美丽锦带花、白色锦带花、变色锦带花、花叶锦带花、紫叶锦带花等。锦带花花繁色艳，花期长，为我国北部地区的重要观赏花木之一。适于绿丛中、草坪角隅，作花篱或点缀假山石旁。锦带花对氯化氢等有毒气体抗性较强，因而成为工矿区难得的绿化、美化树种。

锦带花

【宋】杨巽斋

万钉簇锦若垂绅，
围住东风稳称身。
闻道沈腰易宽减，
何妨留与系青春。

梨 薔薇科，梨属

【形态特征】落叶小乔木，株高6～9米，小枝粗壮，赤褐色。单叶互生，卵形或长卵圆形，叶缘有锯齿，叶花同放或先花后叶。伞房花序，花6瓣，白色。花瓣近圆形或宽椭圆形。果卵形或近球形，黄色或黄白色。花期4月，果期8～9月。

【花絮】原产我国，全国大部地区都有栽培。至今我国已是世界第一产梨大国。

梨在我国有悠久的栽培历史。据说汉武帝修上林苑，山东琅琊已经进贡"金叶梨"。山东莱阳市每年4月20日为梨花节。

梨树寿命长，可达100年以上。我国梨的品种极多，如河北赵州梨、天津鸭梨、兰州冬果梨、苏皖砀山梨、山东莱阳梨等。说到梨，不能不提新疆的库尔勒香梨。人们常说"吐鲁番的葡萄，鄯善的瓜，库尔勒的香梨没有渣"，真是一点不假。据说《西游记》第二十四回"万寿山大仙留故友，五庄观行者窃人参"，其实孙悟空偷的并不是人参果，而是库尔勒香梨。

梨花淡白色，冰姿玉骨，怡淡潇洒。诗人将梨树比作"玉树"、"玉雨"，说它"占断天下白，压尽人间花"。

东栏梨花

【宋】苏轼

梨花淡白柳深青，柳絮飞时花满城。

惆怅东栏一株雪，人生看得几清明。

棟树
苦棟
棟科，棟属

【形态特征】落叶乔木，高 15 ～ 20 米，树冠宽平顶形，树皮浅纵裂。2 ～ 3 回奇数羽状复叶，互生，小叶卵形至卵状长椭圆形，有钝锯齿。花两性，排成聚伞状圆锥花序，腋生，花小，紫色，有香味。核果近球形，熟时黄色，宿存枝头，经冬不落。花期 4 ～ 5 月，果期 10 ～ 11 月。

【花絮】《齐民要术》上说"以楝子于平地耕熟作垄种之，其长甚疾，五年后可作大椽"。可见，我国早在魏晋时期，就采用直播的方法来种植楝树。

　　1928 年全球首次报道了楝树及其制剂具有驱赶和消灭蝗虫的功效。科学证明，苦楝叶煮汤搓洗身体可以防止皮肤冻裂、防治皮肤病，苦楝素是一种高效生物杀虫剂，可防治 100 多种昆虫，是配制无公害农药的重要生物原料。楝树被冠以"绿色金子"、"神树"之名，对解决全球环境问题能够起到积极的作用，是一种大有前途的植物。

　　据《岁时杂记》称"蛟龙畏楝，故端午以包粽，投江中，祭屈原"。说的是古人用楝树叶包粽子，吊唁投汨罗江的屈原。可见我国古人早就认识到楝叶有驱虫、杀虫的功能。

棟 花

【宋】张蕴

绿树菲菲紫白香，犹堪缠黍吊沉湘。
江南四月无风信，青草前头蝶思狂。

龙柏 柏科，圆柏属

【形态特征】常绿乔木，高可达8米，树形呈窄圆柱状塔形，侧枝矮而环抱主干，端梢扭曲上升，势如"龙"形。鳞叶为主，间有刺叶，幼叶淡黄绿色，老叶翠绿色。雌雄异株，雌花与雄花均着生于枝的顶端。球果近圆球形，蓝色，外有白粉。花期4月，果期翌年10～11月。

【花絮】龙柏是圆柏的变种，原产我国东北的南部及华北等地，现各地均有分布。

龙柏枝条长大时会呈螺旋伸展，向上盘曲，好像盘龙姿态，故名"龙柏"。龙柏树形优美，枝叶碧绿青翠，是我国自古喜用的园林树种之一。

龙柏喜光，喜温凉而较干燥的气候；喜肥沃、湿润、排水良好的中性土壤。龙柏耐寒、耐热、耐阴、耐轻碱、较耐旱。对二氧化硫等多种有害气体抗性强，可用于厂矿区绿化。

龙柏生长速度较慢，寿命极长。浙江省金华市城东的太平天国侍王府，是全国现存最大的、保存最完整的太平天国建筑群。在侍王府的耐寒轩前，有两株千年古柏，系五代吴越国开国之君钱镠（852—932年）亲手所植。一株为桧柏，高25米，胸径96厘米；另一株为龙柏，高25米，胸径61厘米。两株古柏历经千年风雨，至今依然主干苍劲，冠叶翠绿。此两株千年古柏曾被评为全国十大名柏之一。

牡丹

木芍药、洛阳花
毛茛科，芍药属

【形态特征】落叶灌木，株高 1～3 米，枝干丛生，粗壮繁多，树皮黑灰色。叶片宽大，互生，2 回 3 出复叶，纸质，顶生小叶，卵圆形至倒卵圆形，有叶柄，基部全缘。花单生枝顶，花色有白、粉红、深红、紫红、黄、豆绿等色。蓇葖果，卵形或卵圆形，密生黄褐色毛。花期 4～5 月，果期 9 月。

【识别提示】牡丹与芍药的区别，参见"芍药"。

【花絮】洛阳、菏泽等市市花。为我国独有的特产花卉，有数千年的自然生长史和人工栽培史。原产于我国西北部，至今秦岭、大巴山区还有野生的牡丹。

洛阳牡丹甲天下，这里有一个典故。武则天初春游览御花园，当时苑中许多花木已含苞，但是没有开放。霸道的武则天下诏书催花："花须连夜发，莫待晓风吹。明早游上苑，火速报春知。"次日，御花园中众花多开，唯牡丹不从。武则天遂命人火烧，牡丹仍然不从。武氏大怒，下旨贬牡丹出长安到洛阳。自此，洛阳的牡丹极盛，即使被烧焦的牡丹也开了花。人们不仅钟情于牡丹的艳冠群芳，而且赋予了牡丹敢于抗争的品格。

1959 年秋，周恩来总理到洛阳视察，询问牡丹的发展状况，深有感触地说："牡丹雍容华贵，富丽堂皇，是我们中华民族兴旺发达、美好幸福的象征。"

牡丹花娇艳多姿，雍容富丽，自古即引得文人雅士赞美讴歌。据统计，历代文人撰写的牡丹诗词达 400 余首，其中唐宋最多，仅苏轼就写了 30 多首。

赏牡丹
【唐】刘禹锡

庭前芍药妖无格，池上芙蕖净少情。
唯有牡丹真国色，花开时节动京城。

木瓜

木梨
蔷薇科，木瓜属

【形态特征】落叶灌木或小乔木，高达10米，树皮成不规则薄片状剥落，内皮橙黄色或黄褐色。单叶互生，叶卵状椭圆形或卵圆形，边缘有刺芒状锐锯齿。花两性，单生于有叶嫩枝上，花柄粗短，花色淡红，有芳香。梨果长椭圆形，较大，成熟时黄色，芳香。花期4～5月，果期8～10月。

【识别提示】市场上见到的南方水果木瓜，实际上是番木瓜，与我们这里讲的木瓜是完全不同的两种植物。

【花絮】原产我国，早在2500多年前就有栽培。

木瓜春花秋果，花艳果香，是传统观果名树。山东菏泽和临沂更是我国生产木瓜的基地。木瓜的果实既能食用，又可药用。《三国典略》中还记载了一个利用外族迷信取得胜利的例子："齐孝昭北伐库存莫奚，至天池，以木瓜灰毒鱼，鱼皆死而浮出。"库存莫奚人见了，以为不吉利，就撤军了。齐国分兵出击，大获全胜而归。

香山木瓜花

【唐】刘言史

浥露凝氛紫艳新，千般婉娜不胜春。
年年此树花开日，出尽丹阳郭里人。
柔枝湿艳亚朱栏，暂作庭芳便欲残。
深藏数片将归去，红缕金针绣取看。

木绣球

绣球荚蒾、绣球花
忍冬科，荚蒾属

【形态特征】落叶或半常绿灌木，高达4米，枝条广展，树冠球形。单叶对生，卵形或卵状椭圆形，叶缘细锯齿。大型聚伞花序呈球状，全由白色的不孕花组成，形似雪球，直径有10～20厘米，具清香。花期4～5月，通常不结实。

【识别提示】木绣球、琼花、荚蒾是同科同属植物，有许多相似之处。主要区别在于花和果。木绣球的花是许多小白花聚成的大球花；琼花的花最有特色，周边有8朵小白花，所谓聚八仙；荚蒾则是许多小白花聚在一个平面上。木绣球没有果；琼花的核果椭圆形，先红后黑；荚蒾的果与琼花有些相似，但是通常比琼花果小。

【花絮】原产我国，长江流域各省常见，国外栽培较多。

"绣球"是古代宫廷乐队舞蹈用的道具，也是女儿居室里或床上装饰用的私房物，未到婚嫁从不轻易示人。传说北宋年间，河南洛阳财主刘氏的千金刘钰英，被父亲所逼抛绣球择婿，天公作美，绣球被乞丐吕蒙偶得。财主要反悔，女儿慧眼识郎君，非此人不嫁。吕蒙婚后为报答爱妻知遇之恩，发奋功名，一举高中状元，曾任宰相。这个抛绣球的传说留给了后人一段千古美谈。

绣 球

【明】张新

散作千花簇作团，玲珑如琢巧如攒。

风来似欲拟明月，好与三郎醉后看。

注：诗中的"三郎"指唐玄宗。

琼花 忍冬科，荚蒾属

【形态特征】 半常绿灌木，枝广展，树冠呈球形。叶对生，卵形或椭圆形，边缘有细齿。花大如盘，洁白如玉，聚伞花序生于枝端，花序周边八朵为萼片发育成的不孕花，中间为两性小花。核果椭圆形，先红后黑。花期 4～5 月，果期 10～11 月。

【识别提示】 琼花、木绣球、荚蒾有许多相似之处，主要区别在于花和果。参见"木绣球"。

【花絮】 扬州等市市花。琼花作为一种特定的植物名称，最早出现于北宋。北宋诗人、散文家王禹偁所作的《后土庙琼花诗·序》中说："扬州后土庙，有花一株，洁白可爱，且其树大而花繁，不知何木也，俗谓之琼花。"

据研究，扬州现在的琼花，其实是与古琼花形态相似的聚八仙，将聚八仙认作琼花，迄今已有七八百年的历史了。

琼花是一种花、果兼赏的优良观赏树木。明代张昌在《琼花赋》中感叹：琼花"俪静质于末利，抗素馨于蒼蕾。笑玫瑰之尘凡，鄙酴醾之浅俗。惟水仙可并其幽闲，而江梅似同其清淑。"琼花不愧为"中国独特的仙花"。

琼花的美，还在于带有传奇色彩的传说。相传琼花是扬州独有的名贵花木，隋炀帝大征民工修凿运河，欲不远千里来扬州观赏琼花。但当运河凿成，隋炀帝坐龙船抵达扬州之前，琼花却被一阵冰雹摧毁了。接着爆发了各地的农民起义，隋政权崩溃，隋炀帝死于扬州。因而有"花死隋宫灭，看花真无谓"的说法。

三角枫 槭树科，槭树属

【形态特征】落叶乔木，高5～20米，树冠卵形，树皮灰褐色，裂成薄条片状剥落。单叶对生，幼树及萌芽枝之叶3深裂，裂片边缘有钝锯齿；老树及短枝之叶3浅裂或不裂，裂片边缘全缘。花杂性同株，伞房花序顶生，有柔毛，花黄绿色。双翅果，果核甚隆起，两翅直立，近平行。花期4月，果期8～9月。

【识别提示】三角枫与枫香分属不同的科，有许多差别，参见"枫香"。

【花絮】我国原产树种，久经栽培，华北地区较多，华中、西南地区也有分布。

三角枫树干苍劲古朴，树姿优雅，干皮美丽，春季花色黄绿，入秋叶片变红，是良好的园林绿化树种和观叶树种。三角枫叶片细小而稠密，非常适合制作盆景。

三角枫是落叶乔木，生长在湖南省溆浦县境内的一株野生三角枫，却一反常态，冬天不落叶。该树生长地为海拔160米的第四纪红壤，周围稻田环绕，树高28米，胸径105厘米，树龄约500年，主干虽空心，外观生长依然良好。晚秋时节，距此树200米外的三角枫由绿变黄，纷纷落叶，而该树树叶却由绿变粉红、紫红或红绿相间等多种颜色，不落下来。翌年春天，黄叶转绿，生机盎然。这种叶色多变不落的奇异现象，据说已验证300多年，人们夸此树为"宝树"。

三角紫叶酢浆草 酢浆草科，酢浆草属

【形态特征】多年生草本，株高 15 ～ 20 厘米，根状茎直立，地下块状根茎粗大呈纺锤形。叶丛生，小叶 3 枚，叶片紫红色，阔倒三角形。伞形花序，花 12 ～ 14 朵，花冠 5 裂，淡紫色或白色，有时一年开 2 次花。蒴果短条形，角果状，有毛。花期 4 ～ 6 月和 11 月，果期 5 ～ 6 月。

【花絮】原产美洲热带地区，我国各地均有栽培。

三角紫叶酢浆草的叶片有"感夜运动"的特点，即到了夜间，其 3 枚小叶收拢折合垂闭，直到第二天早上再舒展张开。这是一种非常特殊的植物生理现象，其作用在于减少水分蒸发，减缓体温下降，以适应昼暖夜凉的环境变化，也是植物的一种自我保护行为，其目的是为了更好地生存和发展。

三角紫叶酢浆草叶形奇特，叶紫红色，花淡紫色或白色，色彩对比感强，且植株姿态俊美，雍容秀丽，绚丽娇地。在 2001 年 9 月第五届中国花卉博览会上，三角紫叶酢浆草引起轰动。专家一致认为这是一种值得大力推广应用的优异的彩叶绿化植物。

三色堇

蝴蝶花、鬼脸花
堇菜科，堇菜属

【形态特征】二年生草本，株高 15～30 厘米，全株光滑，分枝较多。叶互生，基生叶近心脏形，茎生叶卵状长圆形或宽披针形，边缘有圆钝锯齿。花单生于叶腋，花瓣 5 枚，花色瑰丽，通常为黄、白、紫三色，也有单色或各种复杂的混合色。蒴果椭圆形。花期 4～6 月，果期 5～7 月。

【花絮】原产欧洲南部，最初并不被看好，后来一位养有宠物波斯猫的贵妇发现这种花与她的宠物颇为相似，竟然愿意高价购买。此事一经传开，三色堇渐渐打开了销路。现今三色堇已经发展成一个庞大的家族，全世界先后选育出 1 200 多个品种，成为布置庭院、花坛的佼佼者。

我国引种三色堇的时间不长，由于它适应粗放管理并且具有顽强的生命力，现在全国各地均有栽培。温室里培育的三色堇，通过人工控制，可以做到四季开花。

三色堇的花有 3 种颜色对称地分布在 5 个花瓣上，构成的图案形同猫的两耳、两颊和一张嘴，故又名猫儿脸。又因整个花被风吹动时，如翻飞的蝴蝶，所以又有蝴蝶花的别名。

三色堇的花语：红色三色堇，花语是"思虑思念"；黄色三色堇，花语是"忧喜参半"；紫色三色堇，花语是"沉默不语"。

山核桃 胡桃科，山核桃属

【形态特征】 落叶乔木，高达 25～30 米，树冠开张呈球形或扁球形，树皮粗糙、纵裂。奇数羽状复叶对生，小叶 5～7 枚，椭圆状至长倒卵状披针形，叶缘具细锯齿并有缘毛。雄柔荑花序每束 5～6 个，雌花序成穗状。果实长圆形或卵形。花期 4～5 月，果期 7～11 月。

【花絮】 我国特产，分布于长江以南、南岭以北的广大山区和丘陵。

山核桃喜光，喜温暖湿润，不耐寒，对土壤要求不严。山核桃 7～8 年开始结果，11～12 年后进入盛果期，结果期可保持 100～200 年。

在湖南省东安县舜皇山国家森林公园有一棵参天山核桃，树高 20 米，胸径 130 厘米，冠幅 192 平方米，树龄 300 多年。该树的主侧根，穿透石灰岩缝，根系庞大，在主干高 8 米处分生 5 大干支，19 股侧枝，如巨伞华盖，年均产果 300 千克。1991 年美国专家专程前来考察，确认该树源于野生，十分惊叹其顽强生命力和长期稳定的结果能力。

山核桃树形圆整，枝叶浓密，可作庭荫树或行道树。核仁可食，味美，榨油可供食用。山核桃材质坚韧，为优良的军工用材。

山麻杆

桂圆树
大戟科，山麻杆属

【形态特征】 落叶灌木，高1～2米，茎常紫红色，幼枝有绒毛，老枝光滑。单叶互生，圆形或阔卵形，叶缘粗锯齿，叶背密生茸毛。花小，单性同株，雄花密生、穗状花序，雌花疏生、总状花序。蒴果扁球形，密生短柔毛，种子球形。花期4～6月，果期7～8月。

【花絮】 属暖温带树种，主要分布于江苏、浙江、安徽、湖北、湖南、贵州、四川、陕西等地，华北地区小气候良好处也有少量栽培。

山麻杆为阳性树种，喜光照，稍耐阴，喜温暖湿润的气候环境，对土壤的要求不严，在肥沃的沙质壤土中生长最佳。

山麻杆茎干丛生，茎皮紫红，早春嫩叶紫红，后转红褐，是一个良好的观茎、观叶树种，适用于丛植庭院、路边、山石之旁。尤其在常绿树前，景观效果更佳。山麻杆畏寒怕冷，北方地区宜选向阳温暖之地定植。山麻杆茎皮纤维可供造纸或纺织用，种子榨油供工业用，叶片可入药。

公园常见花木识别与欣赏

珊瑚树　法国冬青
忍冬科，荚蒾属

【形态特征】常绿灌木或小乔木，高达 10 米，树冠倒卵形，树皮灰褐色或灰色。叶对生，革质，倒卵状长椭圆形，全缘或叶缘上部有波状锯齿。圆锥花序顶生或侧生短枝上，花白色，有时淡红色，芳香。核果卵圆形或卵状椭圆形，先红后黑。花期 4～5 月，果期 9～10 月。

【识别提示】珊瑚树与石楠分属不同的科，有许多差别：珊瑚树的花是圆锥花序，而石楠的花是复伞房花序；珊瑚树的果是核果卵圆形或卵状椭圆形，而石楠的果是梨果球形。但是在只有树叶的季节里，二者的树形、大小比较相似，贸然看去差不多。此时需要观察树叶，珊瑚树的叶缘是全缘或叶缘上部有波状锯齿，而石楠的叶缘有细锯齿。

【花絮】原产美洲南部。我国分布于云南、贵州、广西、广东、湖南、江西、福建、台湾、浙江等地。其变种日本珊瑚树，叶片较珊瑚树长，原产日本、朝鲜南部。

　　珊瑚树枝繁叶茂，红果累累，状如珊瑚，绚丽可爱。常作高篱，在园林中常整形为绿墙、绿门、绿廊等。也可孤植、丛植装饰墙角，用于隐蔽遮挡。

芍药
将离、婪尾春
毛茛科，芍药属

【形态特征】多年宿根草本花卉，高60～80厘米，根肉质，粗壮，茎丛生，初生茎叶褐红色。二回三出复叶，小叶3深裂，绿色、椭圆形、狭卵形或披针形，边缘粗糙，表面有光泽。花1至数朵着生于茎上部顶端，有长花梗及叶状苞；花紫红、粉红、黄或白等色，单瓣或重瓣。蓇葖果，种子多数，黑色球形。花期4～5月，果期6～7月。

【识别提示】芍药与牡丹，花朵极为相似，不易辨认。二者主要区别在于：芍药是草质茎，而牡丹为木质茎。芍药是单朵或数朵（2～5朵）顶生，花型较小，花径8～12厘米；牡丹花都是单朵顶生，花型较大，花径10～15厘米。芍药靠近花朵的叶片为单叶，不开裂，叶面呈鲜绿色，叶背灰绿色，叶脉背面隆起，呈微红色；牡丹的所有叶子全呈3～5裂，叶面绿色有光泽，叶背为灰白色，叶脉不发红。芍药开花比牡丹迟半个月左右。

【花絮】芍药在我国有悠久的栽培历史，远在周代，我国男女交往中就以芍药相赠，作为结情之约。芍药的栽培早于牡丹，我国古时以扬州芍药最为著名，故历来就有"洛阳牡丹，扬州芍药"之说。现芍药品种约有200个，主产山东菏泽、江苏扬州。

在百花园里，可以说牡丹是芍药的后辈。牡丹原先没有名字，到了唐代才盛极一时，且后来居上。人们观花时常称牡丹为花王，芍药为花相。

戏题阶前芍药
【唐】柳宗元

凡卉与时谢，妍华丽兹晨。
敷红醉浓露，窈窕留馀春。
孤赏白日暮，暄风动摇频。
夜窗蔼芳气，幽卧知相亲。
愿致溱洧赠，悠悠南国人。

石楠

千年红
蔷薇科，石楠属

【形态特征】常绿灌木或小乔木，通常高 4～6 米，有时达 12 米，树冠卵形或圆球形，枝光滑。单叶互生，革质，有光泽，倒卵状长椭圆形，叶缘具带腺体的细锯齿。复伞房花序顶生，花小，白色。梨果球形红色，后变紫褐色。花期 4～6 月，果期 10～11 月。

【识别提示】石楠与珊瑚树分属不同的科，因而有许多差别，参见"珊瑚树"。

石楠树
【唐】权德舆
石楠红叶透帘春，忆得妆成下锦茵。
试折一枝含万恨，分明说向梦中人。

【花絮】主要分布于我国华东、中南及西南地区。在公园里还能见到红叶石楠、椤木石楠等。红叶石楠是蔷薇科石楠属杂交种的统称，红叶石楠因其鲜红色的新梢和嫩叶而得名。

石楠为常见绿化观赏树种，也是一种抗有毒气体能力较强的树种，可在大气污染较严重地区栽植。

卫矛

鬼箭羽
卫矛科，卫矛属

【形态特征】落叶灌木，高达3米，小枝具2～4纵裂的木栓翅，通常四棱形。单叶对生，椭圆形或倒卵形，叶缘细锯齿，叶柄极短。聚伞花序腋生，花小，浅绿色。蒴果紫色，开裂，假种皮红色。花期4～5月，果期9～10月。

【花絮】主要分布在长江下游各省以及吉林。卫矛的木栓翅奇特，称"鬼箭羽"，有破血、止痛等功效。卫矛的叶会变色，秋天变红，果开裂红艳，堪称观果、观叶之佳木，在园林中作为绿篱，非常别致，枝干柔韧容易扎型，可作盆景赏玩。卫矛对二氧化硫有较强抗性，可用于厂矿绿化。

这里介绍"卫矛抱圆柏"的奇特现象。河南省嵩山地区古柏甚多，其中有两株圆柏，一株在少林寺，一株在二祖庵，被卫矛缠绕，僧人叫"冬青抱古柏"，1986年经专家考察后，改叫"卫矛抱圆柏"。卫矛紧紧依偎圆柏，盘旋而上，枝蔓又顺柏枝迅速伸向树外，缠缠绕绕，层层叠叠，乍看上去，好像一棵树干上长着两个树冠，针叶与阔叶巧妙地交织在一起，奇特诱人。二祖庵的圆柏树龄已有千年以上，令人称奇。

蚊母树 金缕梅科，蚊母树属

【形态特征】常绿乔木，高可达 25 米，栽培品种常为灌木状，树冠呈球形。单叶互生，叶厚革质，椭圆形或倒卵形，全缘，叶边缘和叶面常有虫瘿。短总状花序腋生，无花瓣，红色花药十分醒目。蒴果卵圆形，顶端有两个宿存花柱。花期 4～5 月，果期 8～9 月。

【花絮】产于台湾、浙江、福建、广东和海南，长江流域城市园林中栽培较多。

蚊母树喜光，能耐阴，喜温暖湿润气候，耐寒性不强，对土壤要求不严，酸性、中性土壤均能适应，尤以排水良好而肥沃、湿润土壤为最好。蚊母树有个最大特点是树叶常有虫瘿，这个特点便于我们识别蚊母树。所谓"虫瘿"，是植物体受到害虫或真菌的刺激，一部分组织畸形发育而形成的瘤状物。绝大多数虫瘿是有害的，只有个别的虫瘿是有益的。

五针松

日本五针松
松科，松属

【形态特征】常绿乔木，树冠圆锥形，树皮灰黑色，呈不规则鳞片状剥落，内皮赤褐色。叶针形，较细短，5针一束，基部叶鞘脱落。球花性同株，雄球花聚生新枝下部，雌球花聚生新枝端部。球果卵圆形，熟时淡褐色，种子倒卵形，种翅三角形。花期4～5月，果期翌年6～11月。

【花絮】原产日本，我国长江流域及青岛等城市早年引种栽培。

五针松因五叶丛生而得名。五针松的品种很多，其中以针叶最短（叶长2厘米左右）、枝条紧密的大板松最为名贵。五针松植株较矮，生长缓慢，叶短枝密，姿态高雅，树形优美，是制作盆景的上乘树种。上海植物园有个"苍松迎客"的盆景精品，主体就是金叶五针松，树龄180年，树干弯曲前倾，状若鞠躬，彬彬有礼，似向来客致意，深得游客喜爱。

长沙市博物馆内有一株备受保护的五针松，南北向、东西向的冠幅均约7.6米，树高约5.8米，至少有350年树龄。在古代日本，五针松几乎是身份地位的象征，大多都种植在地位较高的官宦人家。

悬铃木

法国梧桐
悬铃木科，悬铃木属

【形态特征】落叶乔木，高可达 35 米，树冠圆形或卵圆形，树皮光滑灰色，呈不规则薄片状剥落，斑痕乳白色。单叶互生，叶大，3～5掌状浅裂，基部心形，边缘有不规则尖齿和波状齿。花单性，雌雄同株，头状花序。聚花果球形，果柄长而下垂。花期 4～5 月，果期9～10 月。

【花絮】原产北美洲、地中海和印度等地区。引入我国栽植的有 3 种，分别是一球悬铃木、二球悬铃木和三球悬铃木，也分别称为美桐、英桐和法桐。区分这 3 种悬铃木的主要依据：看 1 个果枝上的球果数，美桐 1 个，英桐 2 个，法桐 3 个。

悬铃木既非梧桐，也非法国原产，为何被称为法国梧桐呢？据说，原产印度的悬铃木，我国最初引种时是种植在上海的法租界内，又加上它的树叶与梧桐树叶有些相似，于是就有人称之为法国梧桐，如此以讹传讹，悬铃木便有了法国梧桐这个名字，简称法桐。

南京的法桐在国内十分有名。1929 年孙中山先生奉安中山陵，南京在新辟的数条中山大道两旁引种栽植了第　批法桐。此后约 15 万株大小不等的法桐逐渐成长为一条条优美的林荫大道。南京人对法桐情有独钟，原因有二。其一，法桐给南京带来清凉世界。南京以前是有名的火炉，而在法桐大道上，却是绿荫成廊，遮天蔽日，轻风拂面。其二，法桐成为南京的文化遗产。70 多年前栽植的法桐大道，以中山先生的名字命名，特别能体现民国时期南京的文化特征。

银杏　白果树、公孙树
银杏科，银杏属

【形态特征】 落叶大乔木，高达40米，树冠广卵形，树皮灰褐色。叶扇形，先端常2裂，有长柄，在长枝上互生，在短枝上簇生。雌雄异株，雄球花柔荑花序状，雌球花具长梗。种子核果状，具肉质外种皮，成熟时黄色。花期4～5月，果期9～10月。

【花絮】 据考察，300万年前的新生代第四纪冰川时期，银杏濒于灭绝，仅在我国浙江天目山余脉长兴地区有幸保存下来，后传遍全国。

银杏是古老的"活化石植物"之一，寿命很长。湖南洞口县有一株3500年树龄的古银杏，衡山福严寺也有一株近2000年的古银杏。

银杏又称"公孙树"，说的是爷爷栽树，一直要等到有了孙子才能吃到果子，可见银杏生长速度极其缓慢。在我国广大农村，以前流行"桃三杏四梨五年，无儿不建白果园"的说法，不过这已经成为历史。现在采用嫁接方法，银杏树五六年即可进入盛果期。

梅圣俞寄银杏
【宋】欧阳修

鹅毛赠千里，所重以其人。鸭脚虽百个，得之诚可珍。
问予得之谁，诗老远且贫。霜野摘林实，京师寄时新。
封包虽甚微，采掇皆躬亲。物贱以人贵，人贤弃而沦。
开缄重嗟惜，诗以报殷勤。
注：诗人收到好友梅尧臣从千里之外寄赠的银杏果后有感而作。

虞美人

丽春花
罂粟科，罂粟属

【形态特征】 一年生草本，高30～60厘米，茎细长，有分枝。叶互生，羽状深裂，裂片披针形，具粗锯齿。花单生枝顶，具长梗，未开时花蕾下垂，花瓣4枚，近圆形，花质薄有光泽，似绢，花色有白、红、紫等色。蒴果呈截顶球形。花期4～5月，果期6～7月。

【有毒提示】 全株含有生物碱等毒素，误食后会引起中枢神经系统紊乱，严重时会造成死亡。虞美人属于罂粟科罂粟属"家族"，与大名鼎鼎的罂粟是"姐妹花"。

【花絮】 原产欧、亚大陆的温暖地区，我国江苏、浙江一带最多。

关于虞美人传颂着一个悲壮的故事。秦末楚汉相争，最后项羽被刘邦困于垓下行将兵败，项羽对妻子虞姬慷慨悲歌"力拔山兮气盖世，时不利兮骓不逝，骓不逝兮可奈何？虞兮虞兮奈若何！"虞姬和曲后，拔剑自刎。后来在虞姬血染之地，长出一株娇媚照人的花草，人们取名"虞美人"。由"虞美人"联想到虞姬血染而成的故事，引得文人雅士竞相留下诗篇绝句。

虞美人花

【清】吴嘉纪

楚汉已俱没，君坟草尚存。

几枝亡国恨，千载美人魂。

影弱还如舞，花娇欲有言。

年年持此意，以报项家恩。

羽衣甘蓝 叶牡丹
十字花科，芸薹属

【形态特征】二年生草本，株高 30 ~ 40 厘米，抽薹开花时可高达 120 厘米。叶宽大匙形，平滑无毛，被有白粉，外部叶片呈粉蓝绿色，边缘呈细波状皱褶，叶柄粗而有翼，叶色极为丰富，有紫红、粉红、白、牙黄、黄绿等色。总状花序顶生，具小花 20 ~ 40 朵，异花授粉。长角果扁圆柱状。花期 4 ~ 5 月，果期 5 ~ 6 月。

【花絮】原产地中海至小亚西亚一带，栽培历史悠久，早在公元前 200 年古希腊就广为栽培，如今在英国、荷兰、德国、美国种植较多，且品种各异，有观赏用羽衣甘蓝，亦有菜用羽衣甘蓝。羽衣甘蓝烹调后颜色愈加鲜绿，欧美多用其配上各色蔬菜制成色拉。

我国引种栽培历史不长，北京市农林科学院 1992 年从日本北海道引进了羽衣甘蓝，1995 年已培育了 5 000 盆。羽衣甘蓝抗寒性强，可耐 −7℃的低温，其彩色叶片可以保持到 12 月上旬，为北京冬季绿化增添色彩。园艺品种有：红叶系统，顶生叶紫红、淡紫红或雪青色，茎紫红色；白叶系统，顶生叶乳白、淡黄或黄色，茎绿色。

樟树

香樟、乌樟
樟科，樟属

【形态特征】常绿乔木，一般高达20～30米，最高可达50米，树冠广卵形，树皮幼时绿色，平滑，老时渐变为黄褐色或灰褐色，纵裂。单叶互生，薄革质，卵状椭圆形，全缘，背面微被白粉。圆锥花序生于新枝的叶腋内。浆果近球形，熟时紫黑色。花期4～5月，果期8～11月。

【花絮】宜宾、樟树等市市树。主要分布于长江以南及西南地区。江西樟树市以"樟树"命名，以"树"扬名，成为中国城市命名的一大特色。樟树市原名清江县，公元938年建县，1988年改清江县为樟树市。樟树市是江西省历史上四大名镇之一，与瓷都景德镇齐名，称为"中国药都"。

樟 树

韩晓光

拔地参天百丈身，虬枝翠盖揽青冥。
群芳谢尽香犹烈，万木萧疏叶自新。
羞与杏桃争妩媚，甘同松柏共坚贞。
长柯欲化为椽笔，如绘江山锦绣春。

朱顶红

华胄兰、孤挺花
石蒜科，孤挺花属

【形态特征】多年生草本，鳞茎球状，较大。叶两侧对生，带状，6～8枚，与花同时或花后抽出。花莛自叶丛外侧抽生，中空而粗壮，花2～4朵，大型，喇叭形，平伸或稍下垂，颜色以红色居多，也有白、粉等色。蒴果球形，内含种子百粒。花期4～6月，果期5～7月。

【花絮】原产秘鲁、巴西等地，我国南北各地广泛栽培。因花莛顶端多开红色花朵而得名朱顶红。其叶形和花形很像君子兰。

朱顶红喜温暖湿润而半阴的环境，要求夏季凉爽，一般于冬季休眠。现已培育出可在圣诞节和元旦开花的植株。

朱顶红花大色艳，花形亦美，适宜地栽，形成群落景观，增添园林景色。盆栽用于室内、窗前装饰，也可作切花。在欧美朱顶红还是十分流行的罐装花卉。

柱顶红

郭沫若

不要认为是建筑学上的话，在柱顶上也公然要开花。
我们是茎粗、叶壮、花也简单，在雅人看来，那是不够潇洒。
但我们要为工农群众吹喇叭，生产大跃进总得需要劲头大。
我们倒喜欢有一位老国画家，他大胆地把我们画入了国画。

紫荆
满条红
豆科，紫荆属

【形态特征】落叶灌木或小乔木，丛生，高可达15米，经栽培后呈灌木状。单叶互生，近圆形，基部心形，全缘；叶柄红褐色，托叶小，早落。花先叶开放，4～10朵簇生于老枝上，花冠蝶形，紫红色。荚果条形，扁平。花期4～5月，果期8～9月。

【识别提示】香港特别行政区区花紫荆花与这里说的紫荆同科不同属。紫荆花是羊蹄甲属，学名红花羊蹄甲，又称洋紫荆。因其叶端2裂，样子像羊蹄甲而得名。

【花絮】翻开我国古代的书籍，紫荆一直是家庭和睦、骨肉难分的象征。宋代大文豪苏洵、苏轼、苏辙喜爱紫荆，就含此深意。据《续齐谐记》记载，汉代京北有田姓三兄弟分家，庭院里有一棵高大的紫荆树不好分，最后商定将这棵树一分为三，准备第二天就动手。谁知第二天一看，那棵好端端的树却突然枯死了。大哥见了大惊，随即对两个弟弟说："树木同株，不忍三分而死，我们兄弟为手足，为什么要分呢？连紫荆树都不愿意骨肉分离，我们难道还不如草木吗？"兄弟三人便决定不再分树，也不再分家。奇怪的是，那棵树竟枯而复荣了。从此，兄弟三人同心协力，日子越过越好。

见紫荆花

【唐】韦应物

杂英纷已积，含芳独暮春。
还如故园树，忽忆故园人。

紫藤
藤萝、朱藤
豆科，紫藤属

【形态特征】落叶藤木，茎长达 30 米，树皮呈浅灰褐色，小枝被柔毛。奇数羽状复叶互生，卵状长椭圆形，全缘。总状花序在枝端或叶腋顶生，花密集而醒目，蓝紫色至淡紫色，有芳香，通常为蝶状单瓣花。荚果长条形，密被银灰色有光泽的短茸毛。花期 4～6 月，果期 9～10 月。

紫藤树

【唐】李白

紫藤挂云木，花蔓宜阳春。
密叶隐歌鸟，香风留美人。

【花絮】紫藤是我国土生土长的古老植物，早在晋代嵇含所著的《南方草木状》中已有记载。寿命长是紫藤的一大特点。全国各地有不少 200 多年的古藤，如山东潍坊、广东顺德等处的古藤虽然饱经沧桑，至今仍老当益壮，繁花满架。

据说，世界上最大的一株紫藤，是 1892 年种植在美国加利福尼亚州马德雷山脉的巨型中国紫藤。它的枝丫长达 160 米，在为期 5 个月的开花季节里，能绽放 150 万串花，甚为壮观。

在北京虎坊桥纪晓岚故居（后改为晋阳饭庄），据说也保留着一株势若盘龙、旋绕而上、闻名京城的古老紫藤，相传是纪晓岚手植。老舍先生曾多次来此品晋风、赏古藤，留下七绝一首："驼峰熊掌岂堪夸，猫耳拨鱼实且华，四座风香春几许，庭前十丈紫藤花。"

公园常见花木识别与欣赏

紫叶小檗

日本小檗、红叶小檗
小檗科，小檗属

【形态特征】落叶灌木，高达 2～3 米，多分枝，枝条广展，幼枝紫红色，老枝灰棕色或紫褐色，刺细小。叶深紫色或红色，菱状卵形或倒卵形，全缘，在短枝上簇生。花单生或 2～5 朵成短总状花序，黄色，下垂，花瓣边缘有红色纹晕。浆果长椭圆形，长约 1 厘米，熟时红色或紫红色。花期 4～5 月，果期 9～10 月。

【花絮】原产日本，我国秦岭地区也有分布，现我国各大城市都有栽培。

　　紫叶小檗春开黄花，秋缀红果，是叶、花、果俱美的观赏花木，适宜在园林中作花篱或在园路角隅丛植、大型花坛镶边或剪成球形对称状配植，或点缀在池畔、岩石间。也可制作盆景。

棕榈

棕树
棕榈科，棕榈属

【形态特征】常绿乔木，株高可达15米，茎圆柱形，直立，不分枝，具纤维网状叶鞘。叶簇生茎顶，叶形如扇，掌状深裂至中部，裂片条形，多数，硬直，但先端常下垂，叶柄长，两侧具细齿。圆锥状肉穗花序，腋生，鲜黄色。核果肾形，黑褐色略被白粉。花期4～5月，果期10～11月。

【识别提示】棕榈与棕竹同科不同属，主要区别在于：棕榈高大，棕竹相对矮小，仅2～3米；棕榈的叶形如扇，裂片条形，裂片数多达几十片，棕竹的叶掌状，4～10深裂，与竹叶颇相似；棕榈的花果密集而多，棕竹的花果稀疏而少。

【花絮】我国栽植棕榈的历史悠久，《山海经》中曾有记载，"石翠之山，其木多棕"。《本草纲目》和《本草拾遗》中说，棕片可织衣、帽、褥等。

棕榈是我国特有的经济树种，而且是经济树种中的"寿星"，百年树龄的棕榈不算稀奇。四川青城山天师洞有一株"歧棕"，据说已有数百年的树龄。棕榈树既可观赏，又兼收经济之利。我国民间有"千株桐，万株棕，世代儿孙吃不穷"的说法。

棕榈生长缓慢，7～8年后才能开剥棕皮，但可连续开剥几十年。通常每年采剥棕皮两次，一次在春季棕树花开时，一次在秋天果熟前。人们歌颂棕榈"不吃你的饭，不穿你的衣，每年还送二层皮"，可见其对人类的贡献确实很大。

咏棕树

【唐】徐仲雅

叶似新蒲绿，身如乱锦缠。
任君千度剥，意气自冲天。

棕竹

观音竹、筋头竹、矮棕竹
棕榈科，棕竹属

【形态特征】常绿丛生灌木，高 2～3 米，茎圆柱形，有节，上部为纤维状叶鞘包围。叶掌状，4～10 深裂，裂片条状披针形，边缘和主脉有褐色小锐齿，叶柄细长，无刺。花单性异株，圆锥状肉穗花序腋生，具淡黄色佛焰苞数枚。浆果，形似豌豆。花期 4～5 月，果期 11～12 月。

【识别提示】棕竹与棕榈，同科不同属。二者主要区别参见"棕榈"。

【花絮】原产我国广东、广西、海南、台湾、云南、贵州等地，日本也有分布。现在，我国南方原始森林里还有野生的棕竹。

棕竹茎似竹竿，杆细有节如竹，而且色绿与竹同，故得名"棕竹"。棕竹株形紧密秀丽、株丛挺拔、叶形清秀、叶色浓绿而有光泽，既有热带风韵，又有竹的潇洒，为重要的室内观叶植物。

适宜盆栽、地栽观赏的同属植物有：细棕竹、矮棕竹、粗棕竹。此外，我国还有一个棕竹变种，即"花叶棕竹"，叶片白色或黄色条纹，十分美丽，但是比较少见，故更为名贵。

芭蕉 芭蕉科，芭蕉属

【形态特征】多年生常绿草本，株高3～6米，茎直立，不分枝，丛生。叶如巨扇，长可达3米，宽约40厘米，呈长椭圆形，有粗大的主脉，两侧具平行脉，叶表面浅绿色，叶背粉白色。叶丛中抽出淡黄色的大型花。果实形似香蕉。花期5～7月，果期秋季。

【识别提示】芭蕉与美人蕉比较容易区别：芭蕉植株较高，淡淡的黄花，果实类似香蕉；美人蕉植株较矮，通常仅1.5米，花色艳丽，蒴果近球形，有瘤状凸起。

【花絮】原产我国华南和西南，现长江以南地区广为种植。芭蕉整株荫浓，有孕风生凉之功，为夏日庭荫佳卉，古人称赞芭蕉是"满身无限凉"。

说起芭蕉，不由使人想起郭沫若先生小时候摘芭蕉花给母治病的故事。郭老童年时，母亲患头晕病，他听说吃芭蕉花可治愈母病，便在芭蕉花正开之时去天后宫摘了一朵。父母知道后，不仅责怪一顿，还打了手心，罚跪在祖宗遗像前，并令将芭蕉花送还天后宫。1939年郭沫若回到故里，此时父已衰老，母已仙逝。

蕉叶梅枝图
郭沫若

蕉叶配梅枝，此画颇珍奇。

梅枝风格似我父，蕉叶令我思先慈。

先慈昔病晕，蕉叶传可医。

曾与五哥同计议，

蕉花一朵摘自天后祠。

归来献母母心悲，倍受我父督。

只今我母已逝父已衰，不觉眼泪滋。

幸有兄弟姊妹妯娌均能尽孝道，

仅我乃是不孝儿。

但愿早日能解甲，长此不相离。

白车轴草 白三叶
豆科，三叶草属

【形态特征】多年生草本，具匍匐茎，节部易生不定根。叶为 3 小叶互生，小叶倒卵形至倒心脏形，深绿色，边缘具细锯齿。花密集成头状或球状花序，有较长总梗，高出叶面，花冠白色或淡红色。荚果椭圆形，种子细小，近圆形，黄褐色。花期 5 月，果期 8 月。

【花絮】原产小亚细亚南部和欧洲东南部，广泛分布于温带及亚热带高海拔地区。我国东北、华北、华东及西南都有栽培。

　　白车轴草茎叶细软，叶量丰富，粗蛋白含量高，粗纤维含量低，既可放养牲畜，又可饲喂草食性鱼类，是优质牧草。

　　白车轴草繁殖容易，管理粗放，被广泛用于机场、高速公路、江堤湖岸等固土护坡绿化。其匍匐茎向四周蔓延，茎节处着地生根，当母株死亡或茎被切断，匍匐茎可形成新的独立株丛，因此具有很强的侵占性，能有效地覆盖地面，抑制杂草滋生。白车轴草一旦成坪，杂草不易侵入，可使草坪整齐美观。

刺槐 洋槐
豆科，刺槐属

【形态特征】落叶乔木，高达25米，树皮灰褐色，深纵裂，枝条上有托叶刺。奇数羽状复叶，互生，小叶椭圆形至卵状矩圆形，全缘。花两性，排成下垂的总状花序，花瓣白色，清香。荚果扁平。花期5～6月，果期8～9月。

【识别提示】刺槐与槐树，同科不同属，主要区别在于：花期不同，刺槐5～6月，槐树6～8月；荚果不同，刺槐是扁平状荚果，槐树是近圆筒形荚果。

【花絮】原产北美，1877年引入我国，因其适应性强、生长快、繁殖易、用途广而受到欢迎。刺槐在我国已遍及华北、西北、东北南部的广大地区，是水土保持林、防护林的主要树种之一。

相对槐树而言，刺槐来自国外，故名"洋槐"。洋槐是洋槐蜜的主要蜜源植物，洋槐蜜深受消费者的欢迎。洋槐的种子可榨油用作肥皂、油漆的原料，茎皮、根、叶可供药用，有利尿、止血等功效。

刺梨

缫丝花
蔷薇科，蔷薇属

【形态特征】落叶或半常绿灌木，高 2 米左右，树皮成片脱落，小枝常有成对皮刺。小叶 9～15 枚，常为椭圆形，边缘有细锐锯齿，叶柄、叶轴疏生小皮刺。花在小枝顶端，单生或 2 朵并生，粉红色，花柄密生肉质细刺。果扁球形，黄色，有梨香味，有刺。花期 5～6 月，果期 8～9 月。

【花絮】刺梨是云贵高原及攀西高原特有的野生植物资源，贵州的毕节、六盘水是刺梨资源最为丰富的地区。

刺梨满身芒刺，果似梨状，故名"刺梨"。刺梨的果实含多种维生素，其中维生素 C 含量最高，约高于猕猴桃 9 倍，因此被称为"维 C 大王"。以刺梨为原料生产的各种保健产品，风靡于我国港澳地区以及新加坡、马来西亚等国。

诸葛亮"七擒孟获"的故事可谓家喻户晓，不过有关刺梨的故事却鲜为人知。孟获部落生活在云贵边界，那里瘴气弥漫，极易流行瘟疫。诸葛大军到达安顺，正逢当地雨季，许多将士腹痛恶心，病倒三成。军士服药后一点起色都没有，局势十分严重。诸葛亮焦虑万分，自己也病倒了。危难之际，一位先祖追随刘邦、人称"醉葫芦"的先生，因仰慕诸葛亮，又闻刘备是刘邦的后裔，便前来献策。"醉葫芦"用当地称为"云果"的刺梨酿制的酒分给病者，众人喝下后，病体痊愈，并且功力大增。三军欢欣鼓舞，以为仙人搭救，士气大振，为夺取关隘、七擒孟获打下了坚实基础。

大叶黄杨
冬青卫矛
卫矛科，卫矛属

【形态特征】常绿灌木或小乔木，高达8米，树冠球形，枝绿色，近四棱形。单叶对生，革质，倒卵形或椭圆形，叶缘具钝锯齿。聚伞花序腋生，花绿白色。蒴果扁圆至圆形，粉红色，熟时4瓣裂，假种皮橘红色。花期5～6月，果期9～10月。

【识别提示】大叶黄杨与黄杨，虽然都带"黄杨"两字，但是它们并非同一品种。二者区别参见"黄杨"。

【花絮】原产日本，我国南北各地均有栽培，长江以南尤多。大叶黄杨喜温暖湿润和阳光充足的环境，耐寒性较强，也耐阴。

大叶黄杨变种有金边大叶黄杨、银边大叶黄杨、金心大叶黄杨、银斑大叶黄杨、斑叶大叶黄杨等。大叶黄杨对二氧化硫抗性较强，是工矿区绿化的好树种。

在山东烟台毓璜顶公园有一座古建筑吕祖庙，相传八仙之一的吕洞宾曾在此小憩。庙南侧有一株树龄200多年的大叶黄杨，高7米，胸径30厘米，树干弓形弯曲，整株树向南倾斜，枝叶低垂，仿佛是一名虔诚的守门人，恭候着客人的到来。有关专家认为，此树乃国内最粗、最高、最老的一株大叶黄杨。

冬青树

四季青
冬青科，冬青属

【形态特征】常绿乔木，高达 13 ～ 20 米，树冠卵圆形，树皮灰暗色，小枝浅绿色。单叶互生，薄革质，狭长椭圆形，叶缘有锯齿，表面深绿色，有光泽，背面淡绿色。聚伞花序腋生，花单性，雌雄异株，淡紫红色，有香气。浆果椭圆形或近球形，成熟时深红色。花期 5 ～ 6 月，果期 10 ～ 11 月。

【花絮】亚热带树种，分布于我国长江流域及以南各省区，喜温暖气候，有一定耐寒力。

冬青树的树叶，一年四季，包括最严寒的冬季，都是郁郁葱葱的，故名"冬青树"、"四季青"。冬青树的果实，红若丹珠，分外艳丽，是优良的庭园观赏树种之一。

冬青树容易繁殖，生命力强盛，只要种子落入土里，哪怕是瓦砾堆中，都能把根牢牢地扎进土里，长成一棵参天大树。

河南镇平县有座古刹宝林寺，寺前有一株苍劲古朴、气势非凡的冬青树，高 15 米，胸围 3 米多，树龄约 2000 年。传说东汉时期光武帝刘秀曾驾宿宝林寺，皇帝的马就栓在这株冬青树上。

明代朱元璋义子徐司马在任浙江都司期间，曾下令杭州城居民在门前遍植冬青树，可见冬青树很早就作为城乡绿化和庭院观赏的树种。

冬 青

【宋】杨万里

百子池边种最奇，无人识是万年枝。
细花密叶青青子，尝浔披香雨露滋。

鹅掌楸
马褂木
木兰科，鹅掌楸属

【形态特征】落叶大乔木，高可达 40 米，树冠阔圆锥形，树皮银色，纵裂，小枝灰色或灰褐色。单叶互生，叶先端截形，两侧各具 1 裂片，形如"马褂"。花两性，单生枝顶，花被片 9 片，排成 3 轮，外轮萼片状，内 2 轮花瓣状，黄绿色，近基部处有 6～8 条黄色条纹。聚合果纺锤形。花期 5 月，果期 9～10 月。

【花絮】国家Ⅱ级重点保护野生植物。第四纪冰川期以后，鹅掌楸属仅在中国和北美各存 1 种，这种同属植物洲际间断分布的现象，在世界上并不多见，因而鹅掌楸对古植物学、植物系统学和植物地理学的研究，具有极高的科学价值。

1963 年，我国科学家成功培育出杂交鹅掌楸，显示出了明显的杂交优势。杂交鹅掌楸开花时间提早，花期延长，花色更艳丽，比双亲更具有抗逆性和适应性。

鹅掌楸的叶形酷似鹅的脚掌，故名鹅掌楸；又似马褂，故又叫马褂木。

绿蓑匡

【明】冒辟疆

仙人掷钓竿，翻身入山去。

脱却绿蓑衣，千秋挂岩树。

注：鹅掌楸又名绿蓑匡，诗人把鹅掌楸叶片比作仙人脱下的绿色蓑衣，很有新意。

凤仙花
指甲花、急性子
凤仙花科，凤仙花属

【形态特征】一年生草本，株高 30 ～ 60 厘米，茎肉质，红褐或淡绿色，节部膨大。单叶互生，卵状披针形，叶缘具锯齿。花单生或簇生叶腋，侧向开放，花粉红、白、紫等各色或复色。蒴果尖卵形，成熟后立即开裂，种子弹出。花期 5 ～ 8 月，果期 6 ～ 9 月。

【花絮】原产我国、印度等地，现在世界各地都有栽培。

凤仙花，因其花的头、翅、尾、足俱翘，如凤状，得名凤仙花。红色的凤仙花，捣碎后加少许明矾，可以染指甲，因而俗称指甲花。凤仙花的种子成熟时，只要轻轻碰一下，种子就会像"子弹"般射出。因此，凤仙花还有个英文名字叫"莫碰我"，中医名字叫"急性子"。从植物学角度看，凤仙花之所以急着炸裂，是它在巧妙地扩大地盘，播撒种子传播后代。

凤仙花在我国花文化上有两大特色：在文学上成为凤凰的化身，沾满祥瑞之气；在民风上以凤仙染指甲，成为大众的爱美习俗。

咏指甲花
毛泽东

百花皆竞春，指甲独静眠。春季叶始生，炎夏花正鲜。叶小枝又弱，种类多且妍。万草被日出，帷婢傲火天。渊明独爱菊，敦颐好青莲。我独爱指甲，取其志更坚。

构树

楮树
桑科，构属

【形态特征】落叶乔木，高达 16 米，树皮平滑，浅灰色，全株含乳汁。单叶，互生或近对生，宽卵形或长椭圆状卵形，不裂或 1～3 裂，叶缘具粗锯齿。花单性，雌雄异株，雄花成柔荑花序，下垂；雌花成头状花序，球形。聚花果球形，直径约 3 厘米，熟时橙红色。花期 5 月，果期 7～9 月。

【花絮】分布于我国华北、华中、华南、西南、西北等地区，尤其是南方地区极为常见。

构树古时称为楮树，明代李时珍的《本草纲目》记载："武陵人作构皮衣，甚坚好。"构树皮的纤维细而柔软，坚韧有拉力，单纤维长达 24 毫米。用构树纤维制衣，是我国古代劳动人民的一项伟大创举。

构树与麻一样，既是纺织原料，又是造纸原料，故有"蜀人以麻，楚人以楮为纸"之说。直到今天，棉纸、毛边纸等，主要原料仍是构树皮。

构树有强大的生存能力，正如《酉阳杂俎》中所说："构，田废久必生"，人们经常可以看到构树砍断后不久便又蓬蓬勃勃长大，这是因为构树具有不择土壤、生长迅速的特点。

构树有吸毒和净化空气的本领。据测定，在氯气污染严重的地段，构树是仅能存活的少数树种之一。

广玉兰 荷花玉兰、洋玉兰
木兰科，木兰属

【形态特征】常绿乔木，高 8～30 米，树冠阔圆锥形，树皮灰褐色，幼枝密生绒毛，后变灰褐色。单叶互生，厚革质，长椭圆形，叶缘反卷微波状，叶面深绿色，有光泽。花单生于枝顶，荷花状，花大，白色，芳香，厚肉质。聚合蓇葖果，圆柱形，紫褐色。花期 5～6 月，果期 10 月。

【识别提示】广玉兰与白玉兰，虽是同科同属，但是彼此有不少差异，参见"白玉兰"。

广玉兰赞
蔡永革

枝繁叶茂赛华盖，伟大身驱遮天半。
四季长青耐暑寒，三月花开胜牡丹。
洁白如玉大似盘，花香四溢满树艳。
净气吸尘供观赏，绿化城市受称赞。

【花絮】沙市等市市花。原产北美东南部，我国长江以南各省有栽培。

在湖南省长沙县高塘乡有一株广玉兰，树高 12 米，胸径 73 厘米，冠幅 144 平方米，为清道光十五年（1836年）所栽。长沙市五一路大街两侧的绿化带中，有 740 株广玉兰，像仪仗队一字排列，翠枝招展，婷婷玉立，令人叹为观止。

广玉兰树冠端正雄伟，枝叶繁茂，花朵硕大，为常绿阔叶树中所罕见，是著名的绿化风景树种。

广玉兰对二氧化硫、氯气等抗性强，可在大气污染严重地区栽植。可以说一棵广玉兰，就是一台净化机、一部吸尘器。

龟甲冬青 冬青科，冬青属

【形态特征】常绿小灌木，老树干灰白色或灰褐色。叶椭圆形，互生，全缘，新叶嫩绿色，老叶墨绿色，较厚，呈革质，有光泽。花白色。果球形，黑色。花期5月，果期6月。

【花絮】原产日本及我国广东、福建等地，现华北地区也有栽培。

龟甲冬青喜温暖湿润和阳光充足的环境，耐阴。

龟甲冬青因叶片表面凸起呈龟甲状而得名。其枝干苍劲古朴，叶子密集浓绿，非常适合制作盆景。

龟甲冬青盆景可根据树桩的不同加工制作成单干式、双干式、斜干式、曲干式、枯干式、临水式、悬崖式等形态各异的盆景。2年生的龟甲冬青幼树可以数株合栽，制成丛林式盆景，栽种时注意树木的高低错落和前后、左右的变化，力求做到主次分明、和谐统一。

海桐

海桐花
海桐科，海桐属

【形态特征】常绿小乔木或灌木，高2～6米，树冠球形，小枝及叶集生枝顶。单叶互生，有时在枝顶轮生，叶革质，全缘，长倒椭圆形，边缘略反卷，浓绿色，有光泽。伞形花序顶生，花小，白色稍带黄绿色，有芳香，花柄长。蒴果近球形，有棱角，成熟时3瓣裂，种子鲜红色。花期5月，果期10月。

【花絮】分布于长江流域及东南沿海各省，如浙江、福建、广东等。海桐为亚热带树种，故喜温暖湿润的海洋性气候，喜光，亦较耐阴。

海桐枝叶茂密，叶色浓绿光亮，花洁白芳香，种子鲜红色，是常见的观叶观果树种。宜在建筑物四周孤植，或在草坪边缘丛植，也可修成球状配植于树坛、花坛、假山石旁，或作绿篱用。海桐对二氧化硫、氯气、氟化氢等有较强的抗性，是工矿区绿化的优良树种。

海桐的根、叶和种子均可入药，根能祛风活络、散瘀止痛，叶能解毒、止血，种子能涩肠、固精。

鸡爪槭 青枫
槭树科，槭树属

【形态特征】落叶小乔木，高7～8米，树冠伞形，树皮平滑，灰褐色。单叶对生，薄纸质，掌状5～9深裂，基部心形，裂片卵状长椭圆形或披针形，叶缘具尖锐重锯齿。花杂性同株，花小，排成伞房花序，顶生，紫色。双翅果，果核小，隆起，翅果初为紫红色，成熟后棕黄色。花期5月，果期9～10月。

【花絮】产于我国、日本和朝鲜，我国主要分布于长江流域各省。
　　鸡爪槭的变种很多，主要栽培品种有：红枫，又名红槭，叶终年红色，掌状深裂，裂片较狭窄；羽毛枫，又名细叶鸡爪槭，叶掌状深裂几乎达叶基部，裂片狭长，裂片边缘羽状细裂，犹如羽毛；红羽毛枫，又名红细叶鸡爪槭，株形、叶形与羽毛枫相同，惟叶终年红色。

　　鸡爪槭树姿婀娜，叶形秀丽，品种多，叶色深浅不一，入秋变红，鲜艳夺目，营造出"万绿丛中一点红"的美丽景观，为珍贵的观叶树种。宜植于庭院、草坪、建筑物前，可孤植、丛植、列植，或与假山、亭廊配植或点缀于山石间。盆栽用于室内美化，也极为雅致。

荚蒾

忍冬科，荚蒾属

【形态特征】落叶灌木，高达3米，嫩枝有星状毛，老枝红褐色。单叶对生，宽倒卵形至椭圆形，长3～8厘米，顶端渐尖至骤尖，基部圆形至近心形，边缘有尖锯齿。聚伞花序，花冠辐射状，直径8～12厘米，花小，白色。核果近球形，深红色。花期5～6月，果期9～10月。

【识别提示】荚蒾与琼花、木绣球的比较，参见"木绣球"。

【花絮】分布于我国陕西、河南、河北及长江流域各省，华东地区常见。

荚蒾是温带植物，喜半阴，对土壤要求不严，微酸、微碱都能适应。荚蒾适于湿润、肥沃、排水良好的土壤，耐寒，耐修剪，管理可以粗放。

荚蒾枝叶稠密，树冠球形，叶形美观。开花时节，白花布满枝头；果熟时节，累累红果，令人赏心悦目。荚蒾成为观叶观花观果的观赏树种。

荚蒾果实红熟时可食，茎叶入药，种子可榨油，树皮可制绳。

金丝桃

金丝海棠、明月莲、土连翘
金丝桃科，金丝桃属

【形态特征】半常绿灌木，高达1米，全株光滑，小枝对生，圆筒形，红褐色。单叶对生，长椭圆形，全缘，具透明腺点，无柄。花单生或3～7朵聚伞花序顶生，金黄色。蒴果卵圆形或卵状长椭圆形。花期5～7月，果期8～9月。

【花絮】原产我国中部及南部地区，分布几乎遍及全国各地。金丝桃喜光，稍耐寒，略耐阴，喜生于潮湿之地，但忌积水。

金丝桃花色金黄，形似桃花，雄蕊纤细，灿若金丝，绚丽可爱，故名"金丝桃"。金丝桃花、叶秀丽，仲夏黄花密集，是我国夏季良好的观赏花木，在园林、庭院中常用作绿篱。金丝桃全株和果实可供药用，民间还将叶晒干当茶叶用。

多叶金丝桃，原产土耳其，现今日本和欧美各国广泛种植。上海在1976年从葡萄牙引种多叶金丝桃。多叶金丝桃栽培容易，管理粗放，老枝接触土壤可节节生根，通过枝条的延伸和种子的自播性，可迅速扩大覆盖面积，因此是一种理想的地被植物。

如梦令·咏金丝桃
【清】徐士俊
不是武陵花片，不似天台人面。
金屋许藏娇，檀晕一时浮渲。
佳艳，佳艳，猜破色丝黄娟。

金银花

忍冬、金银藤
忍冬科，忍冬属

【形态特征】常绿或半常绿缠绕藤木，茎长达5米，茎皮条状剥落，小枝中空，密生柔毛和腺毛。单叶对生，卵形或椭圆形，幼时两面具柔毛，入冬略带红色，凌冬不落。花成对腋生，花冠二唇形，先白色略带紫色后转黄色，芳香，花冠筒细长。浆果球形，黑色。花期5～7月，果期8～10月。

【识别提示】金银花与金银木，同科同属，有许多相似之处，主要区别参见"金银木"。

【花絮】产我国辽宁、华北、华东、华中及西南，现各地都有栽培。山东的金银花，以沂蒙山区的"济银花"最为有名，并且产量特别大。河南的金银花，以密县最盛，以产"密银花"驰名。

金银花是传统名花，初开时花冠为白色，过一两天就变成黄色。一簇两花，一先一后开放，新旧参差，黄白相间，故称为金银花或金银藤。

金银花是我国的特产，栽培与应用的历史悠久。既是治病良药，又是养生佳品。

宋代张邦基《墨庄漫录》中记载了这样一桩轶事：在崇宁年间，平江府天平山白云寺有几个和尚，误食了有毒的蘑菇后中毒，呕吐不止。其中三个和尚急忙食用金银花后平安无事，另外两个和尚却不肯服食，终于呕吐不止而丧生。

金银花

【清】查慎行

天公省事压粉华，淡白微黄本一家。
却被毫端句染出，无端分作两般花。

金银木 忍冬科，忍冬属

【形态特征】落叶小乔木，常丛生成灌木状，株形圆满，高可达6米，小枝中空。单叶对生，卵状椭圆形至披针形，叶两面疏生柔毛。花两性，花成对腋生，二唇形花冠，花开之时初为白色，后变为黄色。浆果球形亮红色。花期5～6月，果期8～10月。

【识别提示】金银木与金银花，同科同属，有许多相似之处，例如花开之时初为白色，后变为黄色，获得"金银"美称。主要区别在于：金银木是落叶灌木，而金银花是常绿或半常绿缠绕藤木；金银木的果实是红色，而金银花的果实是黑色。

【花絮】主要分布在我国东北、华北、西北及中南许多地区，现南北各地都有栽培。

金银木花果并美，具有较高的观赏价值。春天可赏花闻香，秋天可观红果累累。春末夏初层层开花，金银相映，远望整个植株如同一个美丽的大花球。花朵清雅芳香，引来蜂飞蝶绕，因而金银木又是优良的蜜源树种。金秋时节，对对红果挂满枝条，惹人喜爱，也为鸟儿提供了美食。在园林中，常将金银木丛植于草坪、山坡、林缘、路边或点缀于建筑周围，观花赏果两相宜。

罗汉松

土杉、罗汉杉
罗汉松科，罗汉松属

【形态特征】常绿乔木，高达 20 米，树冠广卵形，树皮灰色，浅裂，呈薄鳞片状脱落。叶条状披针形，螺旋状着生，叶两面中脉明显，叶面暗绿色，有光泽，叶背淡绿色。雌雄异株，雄球花穗状，常 3～5 簇生叶腋；雌球花单生叶腋，有梗。种子卵圆形，种托肉质，深红色或紫褐色。花期 5 月，果期 10～11 月。

【花絮】原产我国，长江以南各省均有栽培。罗汉松虽名为松，但与松不同科，不是松科家族的一员，而是独自以它名字命名的罗汉松科，共有 130 多个家庭成员。

罗汉松名字的由来很有趣。夏季罗汉松雄性树的叶腋内，会长出一个个小罗汉似的种子，种子上面的光头部分是一枚侧生胚珠，下面的种托好似罗汉的身体，种托处微微凸起的地方，很像罗汉合十的双手。种子成熟后，种托的色彩会由绿变红，最后变为紫褐色，仿佛一尊披着彩色袈裟的罗汉，由此得名"罗汉松"。罗汉松的种托可以当水果吃。

罗汉松是长寿树。江西庐山的东林寺，是我国鉴真和尚东渡日本的起点站。在寺的神运殿前，有一株苍翠遒劲的罗汉松，树高 18.2 米，胸围 405 厘米，冠幅 210 平方米，传说为东晋高僧慧远手植，距今 1500 余年。历代文人赞为"庐山第一松"、"六朝松"等。来东林寺旅游观光的中外游客，见到这株罗汉松，无不肃然起敬，纷纷摄影留念。

罗汉松树姿秀丽葱郁，秋季果实累累，惹人喜爱。适于小庭院门前对植和墙垣、山石旁配置，也可盆栽或制作树桩盆景供室内陈设。

玫瑰 蔷薇科，蔷薇属

【形态特征】落叶灌木，高1～2米，枝条较粗，灰褐色，密生刚毛与侧生皮刺，枝干多刺。奇数羽状复叶互生，小叶5～9枚，椭圆形，质厚，叶表、叶背有柔毛及刺毛，多皱纹，托叶大都与叶柄连生。花单生或3～6朵聚生当年新枝顶端，紫红色，芳香。果扁球形，砖红色。花期5～6月，果期9～10月。

【识别提示】玫瑰与月季、蔷薇的区别，参见"月季"。

【花絮】乌鲁木齐、兰州、银川、沈阳、拉萨等市市花。原产我国，有600多年的栽培历史，主要分布在东北、华北、华东一带。山东的平阴县是玫瑰之乡，不仅花色品种多，而且产花量高，品质优良。用玫瑰花提炼出来的玫瑰油，是世界名贵香料之一。在国际市场上，1克玫瑰油可以换4克黄金。

在希腊神话中，玫瑰是美神的化身，又融进了爱神的鲜血，它集爱与美于一身。在世界范围内，玫瑰是用来表达爱情的通用语言。玫瑰颜色丰富，不同颜色有着不同的寓意：

粉红——初恋；

红——热恋；

白——尊敬；

黄——道歉。

红玫瑰
【宋】杨万里

非关月季姓名同，
不与蔷薇谱牒通。
接叶连枝千万绿，
一花两色浅深红。
风流各自胭脂格，
雨露何私造化工。
别有国香收不得，
诗人熏入水沉中。

公园常见花木识别与欣赏

木香　木香花、木香藤
蔷薇科，蔷薇属

【形态特征】半常绿攀援灌木，茎可达 6 米，枝细长，少刺，绿色。奇数羽状复叶互生，小叶 3～5 枚，少数 7 枚，卵状披针形，叶缘有细齿。伞房花序生于新枝顶端，花白色或淡黄色，芳香，单瓣或重瓣。果球形，红色。花期 5～7 月，果期 9～10 月。

【识别提示】木香与蔷薇，同科同属，主要差别在于：木香的花淡黄色，果子比蔷薇要小些，小叶 3～5 枚，少数 7 枚；而蔷薇的花粉红色，果子比木香要大些，小叶 5～9 枚。

【花絮】主要分布于我国华南、西南，北方小气候良好处也能露地栽培。

木香的栽培品种主要有：重瓣白木香，花白色，重瓣，香气浓郁，容易栽培；重瓣黄木香，化黄色，重瓣，淡香。

木香花盛开时花白如雪，色黄似锦，用于花架、花墙、花篱和岩壁作垂直绿化，犹如图画，是很难得的花卉品种。园艺工作者利用木香的攀援特性，在行道的两旁、临街屋前的护栏，分别搭成花篱或花墙，形成一道道艳丽的风景线。北京植物园的木香亭、北海公园的木香架，可以说是利用木香搭建花亭、花架妆点园中景象的杰出代表。

木　香
【宋】张舜民

广汉宫阙玉楼台，露里移根月里栽。
品格岂同香气俗，如何却共牡丹开。

南天竹

天竹、天竺
小檗科，南天竹属

【形态特征】常绿灌木，高可达3米，茎直立，少分枝，幼枝常为红色。2～3回奇数羽状复叶互生，集生茎端，小叶革质，椭圆状披针形，全缘，春夏深绿色，秋冬常变紫红色。圆锥花序顶生，花小，白色。浆果球形鲜红色，偶有黄色。花期5～7月，果期9～10月。

【有毒提示】南天竹植株含有氰甙等毒素，误食后会出现血压下降、痉挛、昏迷等多种症状。

南天竹

【宋】杨巽斋

花发朱明雨后天，
结成红颗更清圆。
人间热恼谁医得，
止要清香净叶缘。

【花絮】原产长江流域及以南各省，现各地广为栽培。

南天竹枝干丛生，直立挺拔，形态如竹，风格似竹，故而得名。其常见的栽培品种有：玉果南天竹，果玉白色；紫果南天竹，果紫色，叶色多变，也叫五彩南天竹；丝叶南天竹，叶细如丝。

我国南方人喜欢把南天竹与腊梅同插在一只花瓶，鲜红的果，金黄的花，翠绿的叶，苍劲的枝，渲染节日的气氛；北方人喜欢把灵芝、水仙、南天竹和罗汉松合植于一盆，取其"鹤仙祝寿"的吉祥之意，带来节日的好口彩。

古时有"岁寒二友"的说法，说的是腊梅与南天竹配伍，傲霜凌雪，争相献彩，能收到相得益彰的艺术效果。因其有花，有叶，有果，正合人们"春赏花，夏赏香，秋赏叶，冬赏果"的愿望，称为"四时如意，全家美满"。

朴树 榆科，朴属

【形态特征】落叶乔木，高20米，树皮黑褐色，光滑，当年生小枝密生毛。叶互生，叶质较厚，阔卵形或圆形，中上部边缘有锯齿，叶面深绿色，光亮平滑，叶背淡绿色，叶柄长约1厘米。花杂性同株，花细小，黄绿色，1～3朵聚生，雄花簇生于当年生枝下部叶腋，雌花单生于枝上部叶腋。核果近球形，红褐色，直径4～5毫米。花期5月，果期10月。

【花絮】原产我国，主要分布于山东、河南及长江以南各省。朴树的生长过程较为缓慢，适合生长在湿润而排水良好的沙质土壤中。朴树是长寿树，树龄可达800多年。

在浙江省淳安县境内有个"樟抱朴"的奇特景观。樟树是唐代种植，已有1200年历史，由于年代久远，树干早已中空。不知何时飞鸟叼来的朴树种子，在樟树腹内发芽成长，强劲的朴树树梢在离地面5米处穿樟树洞而出，长成现在高达10米、胸径45厘米的大朴树，形成了罕见的"樟抱朴"景观。

朴树枝干强韧，可作阻挡强风的树种。也是抗有毒气体如二氧化硫及氯气的树种，可作行道树。朴树树冠具扩展性，叶簇茂盛，常用作遮荫。

七叶树

娑罗树
七叶树科，七叶树属

【形态特征】落叶乔木，高达 20 多米，树冠圆球形，树皮灰褐色，片状剥落，小枝粗壮，栗褐色，光滑。掌状复叶，对生，小叶 5～7 枚，倒卵状长椭圆形至长椭圆状披针形，叶缘有细锯齿。花杂性同株，顶生圆锥花序，长而直立，近圆柱形，花白色。蒴果近球形或倒卵形，黄褐色。花期 5 月，果期 9～10 月。

【花絮】黄河流域及东部各省均有栽培，仅秦岭有野生。七叶树的掌状复叶大多为 7 枚，故取名七叶树。

七叶树树干挺拔，树形壮丽，叶大荫浓，是美丽的庭荫树和行道树。七叶树和悬铃木、榆树、椴树被誉为"世界著名的四大行道树"，西欧和日本的许多城市广泛种植。

传说佛教创始人释迦牟尼是在尼泊尔的一棵菩提树下诞生的，后来又在印度拘尸那迦

城外一片茂盛的七叶树林中两株七叶树之间的吊床上涅槃的。所以七叶树与菩提树被佛家合称为"佛门两圣树"，在佛门重地栽植七叶树，有纪念佛祖圆寂之意。

杭州灵隐寺紫竹禅院的两株七叶树，苍劲古老，高 27 米，树身需几人合抱，虽历经 1600 多年的风雨沧桑，至今仍葱茏挺秀，生机盎然，是杭州西湖周围数十里湖山中最老的古树，千百年来一直被历代僧人视为古刹灵隐的"镇寺之宝"。

5 月开花篇

93

蔷薇

多花蔷薇、买笑花
蔷薇科，蔷薇属

【形态特征】 落叶藤本灌木，高可达3米，枝细长，上升或攀援状。奇数羽状复叶互生，小叶5～9枚，倒卵状椭圆形，托叶明显，托叶下常有皮刺。圆锥状伞房花序，花粉红色，芳香。果近球形，红色。花期5～6月，果期8～9月。

【识别提示】 蔷薇与月季、玫瑰的区别，参见"月季"。蔷薇与木香的区别，参见"木香"。

【花絮】 原产我国，现世界各地广泛栽培。我国栽培蔷薇的历史悠久。

传说汉武帝与爱妃丽娟同游御花园，正值蔷薇花蕾初绽，恰似含笑的美人。汉武帝便对爱妃说："此花绝胜佳人笑也。"丽娟戏答："笑可买乎？"汉武帝随口答道"可以。"丽娟接着说："有钱能买花枝笑，妾笑何无买笑钱？"汉武帝为讨爱妃的欢心，遂赐黄金百两，以买佳人一声甜笑。从此，蔷薇便得了个"买笑花"的别名。

在欧美各国，人们常将蔷薇与爱情联系在一起，白蔷薇表示"深闺忘恋"，黄白蔷薇表示"失恋"，红蔷薇表示"羞耻"等。在基督教的赞美诗中，蔷薇是圣母玛利亚的别名。在我国古典诗词中，蔷薇也常被比作美女。

蔷薇花
【唐】杜牧

朵朵精神叶叶柔，雨晴香拂醉人头。
石家锦障依然在，闲倚狂风夜不收。

山楂

山里红
蔷薇科，山楂属

【形态特征】落叶乔木或大灌木，高达8米，树皮暗棕色，多分枝。单叶互生，具托叶，托叶卵圆形至卵状披针形，边缘具锯齿。叶片阔卵形、三角卵形至菱状卵形，边缘有5～9羽状裂片，裂片有尖锐和不整齐的锯齿，叶面绿色，有光泽，叶背色较淡。花10～12朵成伞房花序。梨果近球形，红色。花期5月，果期8～10月。

【花絮】主产我国东北、华北、江苏。

山楂是我国栽培历史久远的果树之一，我国各地不乏山楂古树。1982年在云南省江川县发现了一株罕见的大山楂树，树高15米，胸径111厘米，冠幅15.3米。此树每年可产鲜果1吨左右，是名副其实的"山楂树王"。

山楂中果胶含量居水果之首，达6.4%，据最新研究，果胶有防辐射的作用，能从体内带走放射性元素。果胶还有吸附和抗菌性质，可从肠子上去除细菌、毒素并束缚住水分，因此可治泻肚。山楂中还含有丰富的钙和胡萝卜素，钙含量居水果之首，胡萝卜素的含量也很高，最适于小儿食用。

关于冰糖葫芦的由来，有这么一个传说。南宋绍熙年间，宋光宗最宠爱的黄贵妃生了怪病，面黄肌瘦，不思饮食。御医用了许多贵重药品，都不见效。眼见贵妃一日日病重，宋光宗无奈，只好张榜招医。一位江湖郎中揭榜进宫，他为贵妃诊脉后说，只要将"棠球子"（即山楂）与红糖煎熬，饭前吃5～10枚，不出半月病准见好。贵妃按此方服用后，果然如期病愈了。后来，这种做法传到民间，就演变成了冰糖葫芦。

公园常见花木识别与欣赏

商陆 长老
商陆科，商陆属

【形态特征】多年生草本，高约1.5米，主根肥大，肉质，茎及叶柄常带紫红色。叶互生，卵圆形或椭圆形，全缘，叶柄长3厘米。总状花序顶生或与叶对生，花初为白色，渐变为淡红色。浆果扁球形，多汁液，熟时紫黑色。花期5～7月，果期8～10月。

【有毒提示】商陆全株有毒，果实及根的毒性最强。

【花絮】原产我国和日本，无论野生或栽培，分布几乎遍及全国。

商陆喜生较阴湿处，多生于疏林下、林缘、路旁、山沟等湿润的地方。

商陆根可供药用，有毒，能利尿；外敷治无名肿毒；全株也可作农药。

同属常见栽培品种有：美洲商陆、八蕊商陆和异瓣商陆。

石榴 安石榴
石榴科，石榴属

【形态特征】落叶小乔木或灌木，高数米，小枝有四棱，顶端常呈刺状，有短枝。单叶对生或在短枝上簇生，倒卵状长椭圆形，表面有光泽，全缘，叶脉在下面凸起。花两性，1至数朵生于枝顶或腋生，花瓣红色，有皱折，有短梗。浆果近球形，深黄色，果皮厚。花期5～6月，果期9～10月。

【花絮】西安、合肥、连云港、十堰、黄石等市市花。原产古代波斯和阿富汗等中亚地区。《博物志》、《群芳谱》记载："汉代使臣张骞出使西域时，得涂林安石国榴种以归"。"安石国"即今之中亚地区，故当时石榴大多被称为"安石榴"。

如今我国城乡各地，随处都可见到石榴。我国最大的石榴园在山东枣庄，有石榴树40万株，被誉为冠世榴园。

石榴分为花石榴和果石榴两大类。花石榴即观赏类石榴，它是传统的赏花、观果植物。果石榴即食用石榴，是一种深受人们喜爱的时令水果。

石榴、桃子和佛手是我国的三大吉祥果，人们常将这三大吉祥果放在一起，表示多子、多寿和多福。

文人墨客常将石榴比作淑女，将男士对女子的倾慕与追求，比喻"拜倒在石榴裙下"。

咏榴花

【唐】韩愈

五月榴花照眼明，枝间时见子初成。

可怜此地无车马，颠倒青苔落绛英。

柿

柿树
柿科，柿属

【形态特征】落叶乔木，高达 14 米，树冠半球形，树皮呈长方块状开裂。单叶互生，叶卵状椭圆形或倒卵状椭圆形，全缘，近革质，叶面深绿色，叶背淡绿色。花单性异株或杂性同株，花冠黄白色，花萼 4 深裂，裂片三角形。浆果肉质，卵圆形，橘红色或橙黄色。花期 5 ～ 6 月，果期 9 ～ 10 月。

【花絮】原产我国，相传 3000 年前长江、黄河流域及西南地区即有栽培，现今东南亚和欧美各国栽培的柿树多为我国柿树的"后裔"。

柿树寿命较长，树龄一般有 300 多年。河南省鲁山县有一棵"柿树王"，树高 15 米，胸径 194 厘米，年产鲜柿 1500 千克左右。据记载，该树为元代所栽，距今已有 600 余年。百年前，这棵柿树有一半枝条已经枯死，而留存的另一半冠枝至今绿叶繁茂，果实累累，其顽强的生命力令人敬佩。

关于柿树，有一段"柿叶佳话"的传说。唐代有个叫郑虔的人，酷爱写作，却无钱买纸。当他得知慈恩寺内有一棵大柿树，就借住在僧房，天天取霜打过的红柿树叶习字写书，持之以恒，最终学有所成。后来，郑虔又在柿叶上作画，成绩不凡。经过数年潜心写作积累，他将作有诗画和文章的柿叶合成一卷，进呈唐玄宗，玄宗见后大为赞许，在卷尾亲笔题字："郑虔三绝"。"柿叶佳话"激励了不少贫寒的有志之士。

睡莲

子午莲
睡莲科，睡莲属

【形态特征】多年生水生草本，具横生或直立的块状根茎，生于泥中。叶丛生并浮于水面，圆形或卵圆形，全缘或有齿，质较厚，表面浓绿色，背面带红紫色。花较大，单生于细长花梗顶端，浮于或挺出水面，花瓣多数，有白、粉、黄、紫红以及浅蓝等色。聚合果海绵质，成熟后不规则破裂，内含球形小坚果。花期5～9月，果期7～10月。

【花絮】原产东亚地区，在园林中分为耐寒睡莲和热带睡莲两大类。我国各地广泛栽培的是耐寒睡莲。

中世纪时，人们认为白色的睡莲是贞洁的象征，并且认为白睡莲的种子可以用来平息激情和欲望，因此，修道院最喜欢种植，修女和修士们还喜欢服用白睡莲的种子。

荷兰人和丹麦人特别崇拜睡莲，称之为天鹅花。他们用七朵睡莲作为两国的国徽图案，并将这种图案绣在军旗上，他们认为，若高举这样的军旗出征，定能战无不胜、攻无不克。

埃及、孟加拉国、泰国和阿拉伯一些国家将睡莲定为国花。

睡　莲

郭沫若

不要误会，我们并不是喜欢睡觉，
只是不高兴暮气，晚上把花闭了。
　一过了子夜我们又开放得很早，
提前欢迎着太阳上升，朝气来到。
花型小，比起婷婷玉立的荷花远逊，
叶不正圆，密布在水面上有如浮萍。
在洁净的池沼上如果有鸳鸯游泳，
有我们作配，倒不失为优美的图景。

丝棉木 白杜、明开夜合
卫矛科，卫矛属

【形态特征】落叶乔木，高达8米，树皮灰色或灰褐色，小枝细长。叶对生，卵状椭圆形，边缘具细锯齿。聚伞花序腋生，花瓣4枚，淡绿色，花药紫色。蒴果有突出的四棱角，粉红色，假种皮橘红色。花期5～6月，果期9～10月。

【花絮】温带树种。产于我国北部和中部。

丝棉木为何叫明开夜合？有文记载："明开夜合花，本名卫矛。初夏开小白花，昼开夜闭，故名明开夜合"。

在甘肃省镇原县境内有一株矮小而古老的丝棉木，树高仅4.8米，树龄高达500年以上。该树树干盘旋曲折，蜿蜒斜向下伸，枝扭多变，起伏无规，浑身多结，树皮粗糙厚实，鱼鳞排列齐整，其形犹如蛟龙挣脱羁绊，弓身腾空，造型十分奇特。

丝棉木枝叶秀丽，红果密集，可长久悬挂枝头，到了秋季，红绿相映煞是美丽，是园林的优美观赏树种。丝棉木对二氧化硫和氯气等有害气体，抗性较强，一般可作为庭荫树和行道树栽植。其木材白色细致，是雕刻等细木工活的上好用材。

溲疏
虎耳草科，溲疏属

【形态特征】落叶灌木，株高2～3米，幼枝赤褐色，有星状毛，老枝光滑，树皮成薄片状剥落。叶对生，有短柄，叶片卵形至卵状披针形，边缘有不明显小齿，两面有星状毛。聚伞状圆锥花序生于小枝顶端，花白色或带粉红色斑点。蒴果近球形，顶端扁平。花期5～6月，果期6～7月。

【花絮】主要分布于浙江、江西、江苏、安徽、湖南、贵州等省。

溲疏喜光，稍耐阴，喜温暖湿润气候，亦耐寒、耐旱，对土壤的要求不严，但以富含有机质、排水良好的土壤为宜。

溲疏初夏开白花，花繁素雅，花期较长，宜丛植于草坪、林缘、路旁、岩石园，也可作花篱。同属约有60种，常见栽培的品种有大花溲疏、小花溲疏、壮丽溲疏等。

溲疏根、叶、果均可药用。民间用作退热药，有毒，慎用。

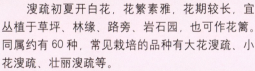

探春

迎夏
木犀科，素馨属

【形态特征】半常绿灌木，高1～2米，枝条开展，拱形下垂。奇数羽状复叶互生，小叶3～5枚，卵形或椭圆形。花黄色，成顶生多花的聚伞花序。浆果椭圆状卵形，绿褐色。花期5～6月，果期12月。

【识别提示】探春与云南黄素馨的区别，参见"云南黄素馨"。

【花絮】原产我国中部以及北部地区。

　　探春适应性强，喜温暖、湿润、向阳的环境和肥沃的土壤。探春枝条茂密，接触土壤较易生出不定根，极易繁殖，生长迅速。

　　探春叶丛翠绿，花色金黄，十分素雅，为良好的园景植物，也是盆栽、制作盆景和切花的极好材料。如将花枝插瓶，花期可维持月余，且枝条能在水中生根。

菩萨蛮·迎夏花

【清】叶申芗

炎官畏景群芳怯，偏欣小草迎薰发。

花比散金黄，开随夏日长。

嫩英分五出，细叶娟娟碧。

纤雾却无香，依然蜂蝶忙。

乌桕

乌茶子
大戟科，乌桕属

【形态特征】落叶乔木，高达15米，树冠近球形，树皮暗灰色，浅纵裂，小枝纤细，枝叶内有乳汁。单叶互生，纸质，菱状卵形，全缘，秋天变成绯红等色。花单性，雌雄同株，圆锥状聚伞花序，顶生，花小，黄绿色，雄花在花序的上部，雌花在花序基部。蒴果梨状圆球形，3裂，露出具有白色蜡层的假种皮。花期5～7月，果期10～11月。

【花絮】原产我国，已有1000多年的栽培历史。在人们长期辛勤的培育下，出现了许多优良品种，其中著名品种有鸡爪桕、葡萄桕、长穗桕和铜锤桕等品种，它们树形高大，适应性强，结实多，产量高。

乌桕的得名，一说是因为乌鸦喜欢吃它的种子；也有人说，是因为乌桕树老了以后，其根下部烂成臼状。

乌桕的叶片入秋后变成绯红色，非常美丽。变红之后，又逐渐变成粉红、橙红、

杏黄乃至白色，有时在一棵树上会同时出现具有赤、橙、黄、绿、青、白等色，形成五彩缤纷的独特奇观。乌桕的种子也很有特色，开始是青色，成熟后变为黑色，到一定时间自行炸裂剥落，露出葡萄大小般的白色籽实。乌桕的种子含有60%的蜡，可以榨油制作肥皂和蜡烛。

清代翰林周锡曾有诗咏道："山村富乌桕，枝桠蔽田野。榨油燃灯光，灿若火珠泻。上烛公卿座，下照耕织者。嗟尔寒乞材，光辉满天下。"

无患子

木患子、肥皂树
无患子科，无患子属

【形态特征】落叶乔木，高 10 ～ 15 米，树皮黄褐色，平滑，枝条淡黄褐色。叶螺旋状互生，偶数羽状复叶，小叶 5 ～ 8 对，卵状披针形或长椭圆状披针形，薄革质，全缘，表面鲜绿色，有光泽，背面色稍淡。圆锥花序顶生，淡绿色小花，直径 3 ～ 4 毫米。核果球形，熟时淡黄色，种子球形，黑色，坚硬。花期 5 ～ 6 月，果期 10 月。

【花絮】分布于我国长江流域和华南各省。

无患子果皮含无患子皂苷等三萜皂苷，捣烂可作肥皂代用品，故名肥皂树。欧洲人喜欢将无患子果皮不经加工包裹在棉织袋子内，泡水搓挤，使其产生泡沫，直接用于洗衣、洗头、洗身。

无患子与佛教有很深的渊源，其种子不仅是最早的佛教念珠，而且是念珠中的极品。无患子又名木患子，据《木患子经》中记载，"苦欲灭烦恼、报障者，当贯木患子一百零八，以常自随。"可见无患子念珠早就作为信佛修行的辅助工具。

无患子树干笔直，枝叶广展，绿荫稠密。其秋叶金黄，羽叶秀丽，果实累累，橙黄美观，是优良的观叶观果的绿化树种。

喜树

旱莲、千丈树
珙桐科，喜树属

【形态特征】落叶乔木，高达 30 米，树冠广卵形，树干端直，枝条伸展，树皮灰色或浅灰色。单叶互生，纸质，叶椭圆形至椭圆状卵形，全缘或微呈波状，边缘有纤毛，表面亮绿色，背面淡绿色。花杂性同株，绿白色，多数成球形头状花序排列，雌花顶生，雄花腋生。坚果狭长，香蕉形。花期 5～7 月，果期 9～10 月。

【花絮】我国华东、华南及西南各地均有分布。喜光，稍耐阴，生于海拔 1 000 米以下的林边或溪边，也常栽培于路旁、溪边或庭园中。

喜树树干笔直，生长较快，可作绿化树种。木材可制家具，也是造纸原料；根、果及树皮、枝、叶均可入药。

喜树果及喜树叶可提取喜树碱，喜树碱具有抗癌作用。四川省是我国目前最大的喜树叶主产地，成都平原彭州地区所产喜树叶的喜树碱含量最高。贵州所产喜树果的喜树碱含量最高。

公园常见花木识别与欣赏

鸢尾

蓝蝴蝶、扁竹花
鸢尾科，鸢尾属

【形态特征】多年生宿根草本，高 30～50 厘米，地下根状茎，粗壮，分枝丛生，淡黄色。叶剑形，纸质，淡绿色。花莛自叶丛中抽生，具 1～2 分枝，每枝顶端着花 1～4 朵，花被片 6 枚，外轮 3 枚，较大，外弯或下垂；内轮 3 枚，较小，直立；花有蓝紫、白、黄等色。蒴果长圆形，种子黑褐色。花期 5 月，果期 8 月。

【花絮】原产我国中部，云南、四川及江苏、浙江一带都有分布。江苏常熟有许多野生的鸢尾，花很大，淡蓝紫色，叶色淡绿而娇嫩。

鸢尾花形似翩翩起舞的蝴蝶，鸢尾花开的季节，犹如蓝色蝴蝶飞舞于绿叶之间，故又名蓝蝴蝶。

法国将鸢尾花定为国花，寓意有三。其一，象征古时法国王室的权力。传说，法兰克王国第一个王朝的创立者克洛维洗礼时，上帝送给他一朵鸢尾花。法国人为纪念始祖，便把这种花作为国家的标志。其二，宗教象征。1376 年法王查理五世把原来国徽图案上的鸢尾花改为 3 枚花瓣，意味着基督教的圣父、圣子和圣灵三位一体。其三，鸢尾花表示光明和自由，象征民族纯洁、庄严和光明磊落。

转应曲·蝴蝶花

【清】叶申芗

胡蝶，胡蝶，紫艳翠茎绿叶。
翩翩对舞风轻，团扇扑来梦惊。
惊梦，惊梦，一样粉柔香重。

106

月季

月季花、月月红
蔷薇科，蔷薇属

【形态特征】常绿或半常绿灌木，高达 2 米，枝直立，树冠较开张，小枝有钩状皮刺。奇数羽状复叶，互生，小叶 3～5 枚，少数 7 枚，有光泽，宽卵形，叶缘有粗锯齿，叶柄、叶轴散生皮刺和短腺毛。花单生或几朵集成伞房状，花瓣 5 枚或重瓣，微香，有紫红、粉红、白等色。果近球形，黄红色。花期 5～10 月，春、秋两季开花最佳，果期 9～11 月。

【识别提示】月季和玫瑰、蔷薇是公园里常见的三种名花，同科同属，西方英语国家同称为"Rose"，译作"玫瑰"。三者的主要区别在于：先看花，月季花期长，几乎月月开花，微香，花柄长；玫瑰花，只开一次花，香气要比月季、蔷薇浓郁很多，花柄短；蔷薇花，只开一次花，芳香。再看小叶，月季一般为 3～5 枚，少数 7 枚，叶缘有粗锯齿；玫瑰为 5～9 枚，质较厚，叶面多皱；蔷薇为 5～9 枚。最后看果，月季近球形，黄红色；玫瑰扁球形，砖红色；蔷薇近球形，红色。

【花絮】北京、天津、南昌、大连、青岛、郑州、廊坊、邯郸、西昌、常州等市市花。我国是月季的故乡，在 2000 多年前已有文字记载，汉代宫廷花园中大量栽种，现已成为我国栽培最普通的"大众花卉"。我国的月季从 18 世纪中叶，经印度传入欧洲，后经与欧洲蔷薇杂交，培育出许多新品种，被国外称为"花中皇后"。

东厅月季

【宋】韩琦

牡丹殊绝委春风，露菊萧疏怨晚丛。
何似此花荣艳足，四时常放浅深红。

公园常见花木识别与欣赏

栀子花 栀子
茜草科，栀子花属

【形态特征】常绿灌木，高达 3 米，枝丛生，幼枝绿色。叶对生或 3 枚轮生，倒卵形或长椭圆形，全缘，革质，翠绿色，有光泽。花单生枝顶，花大，白色，浓香；花萼 5～7 裂，裂片线形。果实卵形，具 5～9 纵棱，黄色。花期 5～7 月，果期 10～11 月。

【花絮】常德、岳阳、汉中等市市花。栀子花在我国大部分地区都有栽培。早在西汉初年，栀子花就在我国盛植，并且是重要的经济作物。佛经中称栀子花为薝蔔，传说是从天竺（印度）引种来的。

栀子花果实的形状像酒杯，我国古代称酒杯为"卮"，栀子由卮子转化而来，故而得名栀子花。

栀子花盛产我国南方，福州市将栀子花作为行道树，开花时清香扑鼻，特别惹人喜爱。四川的白上坪地区，栀子多达万株，远望如积雪，香闻十几里。

栀 子
【唐】杜甫

栀子比众木，人间诚未多。
于身色有用，与道气相和。
红取风霜实，青看雨露柯。
无情移得汝，贵在映红波。

紫叶草 紫竹梅
鸭跖草科，紫鸭跖草属

【形态特征】多年生常绿草本，茎肉质，紫红色，半蔓性匍匐。每节1叶，叶为紫红色，抱茎而生，披针形，全缘。小花生于枝顶，粉红色或淡紫色。蒴果椭圆形。花期5～9月。果期秋季。

【花絮】原产墨西哥，现我国各地均有栽培。

紫叶草喜温暖、湿润气候，耐半阴，夏季需遮阳，不耐寒，对土壤要求不严。

紫叶草其叶有绒毛，在光线照射下，有紫绒般的质感。紫叶草枝条下垂，可悬吊欣赏，陈设于客厅、厨房、浴室等处。

紫叶草可盆栽观赏，也可水养。

6月开花篇

半支莲

大花马齿苋、死不了
马齿苋科，马齿苋属

【形态特征】一年生草本，株高约20厘米，茎肉质，光洁。叶互生或散生，椭圆形，肉质。花簇生茎顶，单瓣花多为5枚，有紫红、鲜红、粉红、橙黄、黄、白等色，雄蕊多数。蒴果，成熟时开裂，内含多数银白色的细小种子。花期6～8月，果期11～12月。

【花絮】原产巴西，我国各地均有栽培。半支莲花在中午左右怒放，清晨和傍晚阳光不足时闭合，太阳对它来说十分重要，因此又叫"太阳花"。半支莲花圆形，金黄色，像枚金钱，古时称为"金钱花"。

半支莲是马齿苋科植物，生命力很顽强。其茎叶都是肉质，细胞中充满水分和营养物质，极耐干旱。即使把它从泥土里拔出或采下丢在地上，不久就又长根扎进土中，继续存活。北京人叫半支莲为"死不了"。

死不了

赵浣鞠

野草闲花陌上开，遭人冷眼落尘埃。
知君偏爱孤芳妍，采来精护玉盆栽。

杜英

【形态特征】常绿乔木，高可达 26 米，树冠卵圆形。单叶互生，纸质，倒卵状椭圆形，叶缘钝锯齿。总状花序腋生，花黄白色。核果椭圆形，熟时紫黑色。花期 6～8 月，果期 10～12 月。

【花絮】原产我国，分布于长江以南各省区中低海拔山区。

在福建省建瓯万木林自然保护区的密林深处，生长着一对树皮一红一绿的奇树。两株秀木并立，在离地面 50 厘米处，亲密地依偎在一起，然后分开，到 4 米高处又紧贴在一起。两株树龄都是 50 多年，树皮红的是樟科桂北木姜子，高 9 米，胸径 22.3 厘米；树皮绿的是杜英科杜英，高 8 米，胸径 19.3 厘米。不同科属的树种，自主联姻，实乃健男娇女，林中鸳鸯。

杜英枝叶茂密，一年四季常挂几片红叶，增添了树态美色，宜作基调树种和背景树。丛植、列植作绿篱，对植庭前、入口，群植于草坪边缘，均很美观别致。对二氧化硫抗性强，可选作工矿区绿化植物。

凤尾兰

菠萝花
百合科，丝兰属

【形态特征】常绿灌木，高可达3米，茎短。叶片剑形，丛生，螺旋状密生于茎上，叶质较硬，有白粉。圆锥花序1米多高，花朵杯状，下垂，花瓣6枚，乳白色，顶端带紫红色。蒴果椭圆状卵形。二次开花，花期6月、10月。

【识别提示】凤尾兰与其同属植物丝兰极其相似，主要区别在于：凤尾兰的植株比丝兰要高一些；凤尾兰茎短，丝兰几乎无茎；凤尾兰叶片边缘有疏齿，丝兰叶片边缘有剥裂卷曲的白色丝线。

【花絮】原产北美，我国各地都有栽培。喜温暖湿润和阳光充足环境，耐寒、耐阴、耐旱，也较耐湿，对土壤要求不严。对有害气体二氧化硫等有很强的抗性和吸收能力。

凤尾兰是塞舌尔的国花。花语：盛开的希望。

凤尾兰常年浓绿，树态奇特，开花时花茎高耸挺立，花色洁白，下垂如铃，姿态优美，花期较长，幽香宜人，是良好的庭园观赏树木，也是良好的鲜切花材料。凤尾兰常植于花坛中央、建筑前、草坪中、池畔等地。凤尾兰的叶纤维强韧、耐水湿，可作缆绳。

旱伞草
伞草、伞莎草、风车草
莎草科，莎草属

【形态特征】多年生草本，高40～150厘米，茎直立丛生，茎秆粗壮三棱形，无分枝。叶退化成鞘状，包裹茎秆基部，苞片叶状，披针形，伞形着生枝顶，向四面开展如伞状。穗状花序聚集成伞形，花小，淡紫色。小坚果棕色，倒卵形。花期6～7月，果期8～10月。

【花絮】原产马达加斯加，广泛分布于温暖地区的森林及草原湖泊边缘。我国已广为栽培。

旱伞草体态轻盈，潇洒脱俗，特别是那苞片如同一架架转动的风车，十分有趣，故得名"风车草"。盛夏季节，池塘中一丛一丛的旱伞草，像是一把把撑开的绿色小阳伞，姿态优雅，秀美娴静，故又名"伞草"、"伞莎草"。

旱伞草株丛繁密，叶形奇特，是良好的观叶植物。宜布置于河边的浅水之中，如

与山石相配，更是秀态万千、清雅无比。

人工栽种旱伞草，忌阳光直射，否则容易引起叶尖枯焦；忌干旱，切忌失水，水分不足会引起叶片卷曲，甚至枯黄，植株发暗无神，从而影响生长与观赏。

合欢

夜合树、马缨花
豆科，合欢属

【形态特征】落叶乔木，通常高6～8米，最高可达16米。树冠呈广卵形，树皮灰棕色。叶互生，偶数羽状复叶，全缘，无柄，表面深绿色，有光泽。花两性，头状花序呈伞房排列，花丝粉红色，细长如绒缨。荚果带状，扁平，边缘波状。花期6～8月，果期9～10月。

【花絮】原产我国，分布于华东、华南、西南以及辽宁、河北、河南、陕西等省。

合欢的小叶昼开夜合，故有"合欢"、"夜合"之名。合欢的花很特别，宛如马头上披戴的红缨，故又名马缨花。其实那红色丝状花球，并不是合欢的花瓣，而是它的雄蕊。

我国古代将合欢树誉为"有情树"、"爱情树"。传说古时虞舜南巡至苍梧而亡，他的两位妃子寻遍湘江两岸而未得见，终日痛哭流泪，以至泪尽滴血，血尽而死。在洒下血泪之处，虞舜与两妃之精灵相合，长成了合欢树，从此枝枝相连，叶叶交合，亲密不分。人们便用"合欢树"来表示纯真的爱情。从汉代开始，合欢二字深入我国的婚姻文化中，有合欢被、合欢帽、合欢结等，合欢变成了相亲、友爱、吉祥、欢乐和幸福的象征。

合欢叶除了有朝开暮合的习性外，在地震前则呈半开合状态，这种地震前的生物预兆，已受到地震部门的高度重视。

戏题夜合树

【宋】释智圆

明开暗合似知时，用舍行藏诚在兹。
绿叶红葩古墙畔，风光羞杀石榴枝。

荷花

莲、芙蓉、藕
睡莲科，莲属

【形态特征】多年生挺水植物。地下具肥大多节的根状茎，通称藕。叶盾状圆形，全缘或稍呈波状，叶柄粗壮被刺。花单生于花梗顶端，挺出叶面以上，大而色艳，清香，花瓣多数，有红、粉、白、紫、黄等色。单朵花的花期为3～4天，早晨开放，午后闭合，次晨复开。果实为莲蓬。花期6～9月，果期9～10月。

【花絮】济南、许昌、肇庆、花莲等市市花。荷花在我国的栽培历史久远，考古学家从浙江余姚7000年前的河姆渡文化遗址上发现荷花孢粉，从河南郑州5000年前的仰韶文化遗址上也找到碳化的莲子。

荷花是佛教的圣花。佛教徒将荷花喻佛，认为荷花从淤泥中长出，却非常香洁，象征着吉祥如意、清淳无染，与国人欣赏荷花"出淤泥而不染，濯清涟而不妖"的高尚品格，有异曲同工之妙。

荷 花

【唐】李白

碧荷生幽泉，朝日艳且鲜。
秋花冒绿水，密叶罗青烟。
秀色空绝世，馨香谁为传。
坐看飞霜满，凋此红芳年。
结根未得所，愿托华池边。

槐树 国槐、家槐
豆科，槐树属

【形态特征】落叶乔木，高达 25 米，树冠圆球形，树皮暗褐色，纵裂，小枝绿色，皮孔明显。一回奇数羽状复叶，互生，小叶卵圆形至卵状披针形，全缘。花两性，圆锥花序，花淡黄色。荚果近圆筒形，肉质。花期 6～8 月，果期 9～10 月。

【识别提示】槐树与刺槐同科不同属，主要区别参见"刺槐"。

【花絮】原产我国北部，现在我国各地均有栽培。为了区别原产北美的刺槐（洋槐），槐树也称为"国槐"、"家槐"。龙爪槐是槐树的园艺变种，枝长下垂，树冠呈伞状，姿态优美，是点缀庭院的优良树种。

　　槐树的盛花期在夏末，和其他树种花期不同，所以是一种重要的蜜源植物。

　　唐代是我国历史上的植槐盛世，京城长安槐树如林，天街两侧绿槐成行，有如壁垒森森的府衙，于是产生了一个词语：槐衙。

　　槐树是长寿树，至今还有唐槐在世。崇祯皇帝在北京景山上吊的就是一棵槐树。

忆秦娥·槐花
【清】叶申芗
风飘香，雨馀满院槐花黄。
槐花黄，昔年辛苦，三度曾忙。
娑娑生意欣偏强，凉归高树延秋光。
延秋光，辞巢客燕，噪晚鸣螗。

夹竹桃 柳叶桃
夹竹桃科，夹竹桃属

【形态特征】常绿灌木，高达5米，嫩枝具棱。叶3～4枚轮生，枝条下部叶对生，长条状披针形，革质，全缘，侧脉密而平行。聚伞花序顶生，花冠粉红色、深红色，常为重瓣；花冠白色的，常为单瓣，芳香。蓇葖果长角状，长10～20厘米，种子顶端有黄褐色种毛。花期6～9月，果期12月至翌年1月。

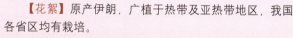

【有毒提示】夹竹桃的枝、叶以及树皮中均含有夹竹桃甙，有毒，因此切勿入口。幼儿园、校园内避免栽植。

【花絮】原产伊朗，广植于热带及亚热带地区，我国各省区均有栽培。

夹竹桃的叶片如柳似竹，红花灼灼，胜似桃花，花冠粉红至深红或白色，有特殊香气，故名柳叶桃。

夹竹桃虽不属名贵之花，且枝、叶、花均含毒素，仍不乏题咏者。

夹竹桃

【清】陈长生

秾华烂漫不胜描，却爱迎风翠影摇。地拟渭川生锦浪，人来湘浦泣红潮。

尽教绰约贞常抱，为报平安恨始销。知有凌霄清节在，不须错认董娇娆。

公园常见花木识别与欣赏

凌霄 紫葳
紫葳科，凌霄属

【形态特征】 落叶藤本，茎长达10米，生有多数气根，可攀附他物上升，树皮灰褐色，老干灰白色。奇数羽状复叶对生，小叶7～13枚，卵形或卵状披针形，叶缘疏生粗齿。圆锥花序顶生，花冠漏斗状钟形，橙红或橘黄色。蒴果长如豆荚。花期6～8月，果期10～11月。我国常见的凌霄有两种，即中国凌霄和美国凌霄。二者主要区别：中国凌霄小叶7～9枚，萼筒浅绿色，花径约6厘米；美国凌霄小叶9～13枚，萼筒棕红色，花径3～4厘米。（本书图片为美国凌霄）

【有毒提示】 凌霄花粉有毒，误入眼内会引起红肿，一时很难治。

【花絮】 凌霄是一种美丽的花架植物，可用来攀援廊、架、亭、墙或缠绕奇石老树。对于凌霄攀附他物步步登高的植物现象，历来有不同的见解。一些古人鄙视其为"势客"，诗人白居易在《有木名凌霄》中就指责凌霄；当然也有人不介意凌霄的依附性，反而敬其登高攀援的特性。郭沫若在《凌霄花》中阐明了一种哲理："大树携着弱者向上而无怨言，凌霄替大树簪上了朵朵红花，形成牢固的统一战线。"道出了大树与凌霄的相互关系。

减字木兰花

【宋】苏轼

双龙对起，白甲苍髯烟雨里。
疏影微香，下有幽人昼梦长。
湖风清软，双鹤飞来争噪晚。
翠飐红轻，时下凌霄百尺英。

注：西湖藏春坞门前有两株高大的古松，凌霄花攀附其上，有个叫清顺的诗僧常常在树下午睡。苏轼时任杭州郡守，一日来访正赶上轻风吹落了不少花朵，清顺指着落花索句，苏轼即兴作此词。

栾树

灯笼花、摇钱树
无患子科，栾树属

【形态特征】落叶乔木，高达15米，树冠近球形或伞形，树皮灰褐色，细纵裂。奇数羽状复叶对生于总叶轴上，小叶7～17片，卵状长椭圆形，边缘有不规则粗锯齿。花杂性同株，大型圆锥花序，顶生，花金黄色。蒴果三角状卵形，膨大，成熟时橘红色或红褐色。花期6～7月，果期9月。

【花絮】产于我国北部与中部，日本、朝鲜亦产。栾树属有5个品种，除1个品种产斐济群岛外，其余4个品种全产我国。其中分布较广的栾树是黄山栾树，产于皖南及浙江。

栾树的果实像一串串的灯笼挂满了树冠，这些小灯笼果，未成熟时为淡黄绿色，随后慢慢地转变为耀眼的橘红色，故名"灯笼花"。栾树在微风吹动下，果皮之间相互摩擦还会发出哗哗作响的声音，因此又有别名"摇钱树"。

栾树的种子可以制成佛珠，所以栾树在寺院中尤为常见。

在青海省循化县孟达乡有一株栾树，树高12米，胸径95厘米，冠幅300多平方米，树龄500多年，主干挺立，姿态秀丽。这株栾树被当地人奉为圣树，世代代保护，并将栾树种子制作成念珠用于诵经，祈祷幸福和平安。

栾树适应性强，季相明显，是理想的行道、庭荫等景观绿化树种，也是工业污染区配植的好树种，被台湾林学家推崇为应大力推广的亚洲宝树。

络石

万字茉莉、石龙藤、白花藤
夹竹桃科，络石属

【形态特征】常绿攀援藤本，茎长达10米，借气生根攀援，茎赤褐色，含乳汁，幼枝有黄色柔毛。单叶对生，椭圆形至披针形，薄革质，全缘，深绿色，脉间常呈白色。聚伞状花序，腋生或顶生，花冠白色，有香气，高脚碟状，5裂，排成右旋风车形。蓇葖果长圆柱形，两个对生。花期6～7月，果期9～10月。

【花絮】原产我国华北以南各地，在我国中部和南部地区的园林中栽培较为普遍。络石变种和品种有小叶络石、大叶络石、紫花络石等。

络石盛花期，全株一片白，故有"不是茉莉，胜似茉莉"的评价。络石的花形略似"卍"字，故又名"万字茉莉"。

络石是一种常用中药，根茎、叶、果实均可入药，有祛风通络、凉血消肿的功能。络石花可提取"络石浸膏"。

麦冬 百合科，沿阶草属

【形态特征】多年生常绿草本，根状茎粗壮，须根发达，常膨大成纺锤状肉质块根，地下具匍匐茎。叶丛生，窄条带状，稍革质，叶缘粗糙。总状花序自叶丛中央抽出，花梗短而直立，花淡紫至白色。种子球形，直径约7毫米，蓝黑色。花期6～9月，果期9～11月。

【识别提示】麦冬与沿阶草，主要区别在于：其一是花，麦冬的花从叶丛中抽出，直立，能看到花，而沿阶草的花顺从叶丛，稍不注意，看不到花；其二是果，麦冬之果直立或坠于叶丛之外，颜色更深些，而沿阶草之果则隐藏在叶丛中；其三是叶，麦冬的叶比沿阶草的叶要长些宽些。

【花絮】主要分布于华东、中南、西南以及陕西等省。

麦冬的草根有须，像麦，其叶似韭菜，冬天不凋枯，所以得名"麦冬"。

麦冬喜温暖湿润气候，耐阴性强，较耐寒，喜腐殖质丰富、潮湿、排水良好的土壤，忌水涝。

麦冬叶色浓绿，叶片密集披散，常作地被成片栽植于疏林下、林缘、建筑物背阴处，适用于城市绿化中乔木、灌木、草本的多层栽植结构。

木槿

篱障花
锦葵科，木槿属

【形态特征】落叶灌木或小乔木，高2～6米，茎直立，多分枝，树皮灰棕色。单叶互生，在短枝上也有2～3片簇生者，叶卵形或菱状卵形，叶缘有锯齿。花单生于枝梢叶腋，花大，花瓣5枚，有白、红、淡紫等色，常重瓣。蒴果被黄色绒毛。花期6～9月，果期10月。

【花絮】木槿在我国已有3000多年的种植历史，早在我国的西周时期，木槿就称得上名花了。《诗经·郑风》云："有女同车，颜如舜华"，"有女同行，颜如舜英"。意思是"跟我坐在同一辆车上的少女，她那娇美的容颜就像盛开的木槿花一样"，"那与我同行的窈窕少女，有木槿花似的美丽脸庞"。

木槿在我国各地均有栽培，最大的天然产地是云南西双版纳，当地傣族人称为"郎梅"的大叶木槿，满山遍野，非常壮观。云南热带植物研究所不断培育出许多新品种，其中的优良品种一株木槿能盛开600朵花。

单朵木槿花，有朝开暮落的特性，故得名朝开暮落花。但是木槿整体的花期较长，韩国人称其为"无穷花"，并将木槿定为国花。时至今日，韩国国旗旗杆的顶端仍使用国花木槿加以装饰。

咏　槿
【唐】李白
园花笑芳年，池草艳春色。
犹不如槿花，婵娟玉阶侧。
芬荣何夭促，零落在瞬息。
岂若琼树枝，终岁长翕赩。

女贞

蜡树、大叶女贞
木犀科，女贞属

【形态特征】常绿小乔木，高达 10 米，树冠倒卵形，树皮淡灰褐色，光滑，有皮孔。单叶对生，革质，卵形至卵状椭圆形，全缘，表面深绿色，有光泽。圆锥花序顶生，几无柄，花小，白色，芳香。浆果状核果，黑色。花期 6 ～ 7 月，果期 11 ～ 12 月。

【花絮】原产我国，分布于长江流域及以南地区，华北、西北地区也有栽培。女贞能耐 −10℃ 低温，是园林绿化中应用较多的树种。

女贞的种子、叶、树皮、根都有较高的医疗价值。李时珍在《本草纲目》中说："此木凌冬青翠，有贞守之操，故以女贞状之。"

女贞入药民间有一传说。秦汉时期，浙江临安府有一员外，膝下一女年方二八，许配给县令为妻。哪知爱女早已和府中的教书先生私订终身，到出嫁之日，便含恨撞死在闺房之中。教书先生闻听小姐殉情，如晴天霹雳，积郁成疾，不几日便形如枯槁，须发全白。教书先生到小姐坟前凭吊，但见坟上长出一颗枝叶繁茂的女贞枝，果实乌黑发亮，遂摘了几颗放入口中，味甘而苦，直沁心脾，顿觉精神倍增。从这以后，教书先生每日必到此摘果充饥，病亦奇迹般地日趋见好，过早的白发也渐渐变得乌黑了，他深情地吟道："此树即尔兮，求不分离兮"。从此，女贞便被人们作为药物使用了。

爬山虎
地锦、爬墙虎
葡萄科，爬山虎属

【形态特征】落叶藤本，茎长达 15 米，具分枝卷须，卷须顶端发育成吸盘能攀援。单叶互生，广卵形，通常 3 裂，基部心形，边缘粗锯齿，幼枝上的叶较小，常不分裂。聚伞花序生于短枝上，花小、黄绿色。浆果球形，蓝黑色，被白粉。花期 6 月，果期 9 ~ 10 月。

【识别提示】爬山虎与五叶地锦，同科同属，有时都称"爬山虎"。最大区别在于叶片，爬山虎叶片是单叶 3 裂，而五叶地锦是掌状复叶，小叶 5 枚。此外，爬山虎的别名叫"地锦"，而五叶地锦的别名叫"美国地锦"。

【花絮】原产我国，朝鲜和日本也有分布。因其秋叶变红，故别名地锦。

爬山虎喜阴湿，耐旱、耐寒，对土壤及气候适应性强。爬山虎用扦插繁殖，不仅易活，而且生长迅速，一年可长 5 ~ 0 米。

爬山虎为什么能沿着光滑的建筑物表面不停地攀援呢？这是因为爬山虎的枝端生长着许多分枝卷须，每个卷须顶端常常扩大成吸盘，吸盘一旦碰上硬物，就会分泌出一种胶液，牢牢地粘在攀援物上。所以爬山虎能不断地向四周攀援。

爬山虎在垂直绿化中充分展露其附墙攀援生长的本领，尤其是向四周攀援时，分布均匀，不重叠，也不留一点空隙。夏季满墙碧绿似壁毯，秋季彩如锦被，十分美丽壮观。爬山虎对二氧化硫等有害气体有较强的抗性，适用于厂矿及居民区绿化。

爬山虎
黄有韬

稳扎虬髯默默长，全凭自信与顽强。
攀登一任狂飙吼，生命汇成绿海洋。

蜀葵

熟季花、端午锦、一丈红
锦葵科，蜀葵属

【**形态特征**】宿根草本，高可达3米，茎直立，全株被毛。叶大，互生，叶片粗糙而皱，近心脏形，常5～7浅裂。花大，单生叶腋，花瓣5枚或更多，扇形，边缘波状而皱，花色丰富，有红、白、黄、紫、紫黑等深浅不同的颜色，鲜艳夺目。蒴果，种子扁圆，肾形。花期6～8月，果期7～8月。

【**花絮**】原产我国，栽培历史悠久。我国分布很广，华东、华中、华北、华南地区均有栽种。

蜀葵最早发现于四川，故名蜀葵。蜀葵还有一丈红的别名，见于《西墅杂记》。明宪宗咸化甲午年，倭人入贡，不识栏前蜀葵花，作诗询问："花于木槿浑相似，叶比芙蓉只一般。五尺阑干遮不尽，独留一半与人看。"由此诗可看出，蜀葵半高为五尺，全株高达一丈，而且花色鲜红，故别名"一丈红"。

农村有一首流行的民谣：乡下姑娘喜欢饼子花（即蜀葵），屋前屋后都种它。城里姑娘喜欢富贵花（即牡丹），三天一过眼巴巴。

蜀　葵

【唐】徐黄

剑门南面树，移向会仙亭。
锦水饶花艳，岷山带叶青。
文君惭婉娩，神女让娉婷。
烂漫红兼紫，飘香入绣扃。

水葱

翠管草、冲天草
莎草科，藨草属

【形态特征】多年生挺水植物，株高可达2米，地下茎粗壮，秆单生，粗壮，圆柱形，质柔软，表面光滑，内为海绵状。叶褐色，鞘状，基生。聚伞花序顶生，稍下垂，小花淡黄褐色，下具苞叶。小坚果倒卵形，双凸状，长约2～3毫米。花期6～8月，果期9～10月。

【花絮】分布于我国东北、西北、西南各省，现国内各地引种栽培较多。

水葱在水景园中主要做后景材料，茎秆挺拔翠绿，使水景园朴实自然，富有野趣。水葱除了具有较高的观赏价值外，它净化水中酚类的能力相当出色。有人做过这样的试验，给三个鱼缸分别加入一定量的酚、磷酸钠和碳酸钠溶液后，再种上水葱。几天后，只有加入酚溶液鱼缸内的鱼活动正常，其他两个鱼缸内的鱼全部死亡。这是因为水葱对酚有较强的分解作用，酚被水葱吸收后，大部分参与糖的代谢过程，并与糖结合形成酸糖甙，反而对水葱的正常生长有促进作用。

资料表明，水葱还能杀死水中的细菌，在每毫升含600万个细菌的污水池中，种植水葱后，只过了两天，池内的大肠杆菌几乎全部消失，并且改变了污水的颜色、气味、浑浊度等物理指标。由此可见，水葱是天然的水质净化器。

万寿菊

臭芙蓉
菊科，万寿菊属

【形态特征】一年生草本，株高60～90厘米，茎光滑而粗壮，绿色。单叶对生，羽状全裂，裂片披针形。头状花序顶生，花色丰富，有乳白、黄、橙至橘红等色以及复色。瘦果线形，有冠毛。花期6～10月，果期8～11月。

【花絮】原产墨西哥，喜温暖、湿润和阳光充足的环境。万寿菊花色鲜艳，花期又长，栽培容易，是园林中常见的草本花卉之一。据记载，16世纪万寿菊在法国巴黎的宫廷中栽培，由于其花色多以红、黄色为多，故又有"红黄草"之称，欧美人将它视为"艺术"和"高贵"的象征。

我国从18世纪引种栽培万寿菊，清代乾隆年间，上海郊区已有批量万寿菊盆花生产。20世纪80年代，随着国外新品种的不断问世，现已成为我国主要栽培的草本盆花之一，广泛用于室内外环境布置。

梧桐

青桐
梧桐科，梧桐属

【形态特征】 落叶大乔木，高 15～20 米，树冠卵圆形，树干端直，树皮灰绿色。单叶互生，叶心形，掌状 3～5 裂，裂片全缘，叶背有星状毛。花单性同株，圆锥花序，顶生，花小，黄绿色。蓇葖果，成熟前开裂成舟形，种子棕黄色，大如豌豆。花期 6～7 月，果期 9～10 月。

【花絮】 原产我国，各地都有栽培，主要是两个品种，即梧桐和云南梧桐。云南梧桐树皮粗糙，呈灰黑色，树叶一般 3 裂。

幼时的梧桐树皮暗绿色，故名"青桐"。民间传说梧桐能知秋，流传着"梧桐一叶落，天下皆知秋"的谚语。

梧桐在我国文学作品中经常出现，从《楚辞》、《诗经》到明清的章回小说，各种体裁的文学作品中，都可以找到关于梧桐的描述。古人爱梧桐，同时赋予梧桐神话色彩。《庄子·秋水》中说凤凰"非梧桐不栖，非栋子不食"。古人认为凤凰的出现，是吉祥之兆，能引来凤凰的梧桐，自然也是祥瑞的植物。民间常在图案中将梧桐与喜鹊合构，取谐音"同喜"、寄托吉祥的寓意。

孤　桐

【宋】王安石

天质自森森，孤高几百寻。
凌霄不屈己，得地本虚心。
岁老根弥壮，阳骄叶更阴。
明时思解愠，愿斫五弦琴。

萱草

忘忧草
百合科，萱草属

【形态特征】多年生宿根草本，根状茎纺锤形，肉质，有发达的根群。叶基生成丛，排成二列，带状披针形，中脉明显，叶细长，拱形下垂。花葶粗壮，高1米左右，顶生聚伞花序，排列成圆锥状，着花6～12朵，花大，花冠漏斗形，花被6片，每轮3片，花瓣略反卷，花橘红至橘黄色，无香味。蒴果，结实很少。花期6～8月，果期8月。

【花絮】原产我国南部，在我国有几千年的栽培历史。萱草是我国的母亲花，早在康乃馨成为母爱的象征之前，我国的母亲花，就是萱草花。《诗经·伯兮》篇就赞美过萱草"焉得谖草，言树之背"，以萱草暗喻母亲。

萱草又名"忘忧草"，关于萱草能忘忧，古人众说纷纭。有人认为管用，例如白居易诗云"杜康能解愁，萱草能忘忧"；更多的人则持相反的观点，诗人韦应物说"本是忘忧物，今夕重生忧"。萱草柔枝飘逸，花茎挺直，花色橘红，华而不艳，雅而不俗。人们在观赏之际，能稍解一时之闷，因此，它更像是一个愿望、一句祝福。

有一种花色鲜黄的黄花萱草，是萱草家族的成员之一，俗称黄花菜、金针菜，既可作美味良蔬，也可作观赏植物。

萱　草

【宋】梅尧臣

人心与草不相同，安有树萱忧自释。
若言忧及此能忘，乃是人心为物易。

沿阶草
书带草、绣墩草
百合科，沿阶草属

【形态特征】多年生常绿草本，须根较粗，膨大成纺锤形肉质小块根。叶丛生线形，先端渐尖，叶面粗糙，革质。花莛自叶丛中抽出，较短，顶生总状花序，花白色至淡紫色。种子圆球形，蓝黑色。花期6～8月，果期8～10月。

【识别提示】沿阶草与麦冬有许多相似之处，主要区别参见"麦冬"。

【花絮】原产我国和日本。我国除东北严寒地区外，其他地区多有野生分布，生于林下、田边或水边。各地园林栽培极为广泛。

沿阶草喜半阴和湿润环境，但亦耐旱、耐晒，几乎不择土壤。沿阶草再生能力强，易栽培，无需多少水土和肥料即能生长良好，可沿石阶生长从而得其名。此外，因其叶纤细，文雅秀气，颇有书香之气质，故有"书带草"的雅号。

沿阶草四季常青，是极好的观叶以及镶边植物。全草可入药，尤其是膨大的纺锤形肉质块根，有滋补、强身、止咳、化痰、清火、利尿、助消化等功效。

一叶荻 大戟科，一叶荻属

【形态特征】落叶灌木，高 1～3 米，茎多分枝，当年新枝淡黄绿色，略具棱角，树皮浅灰棕色，多不规则的纵裂。叶互生，椭圆形或卵状矩圆形，软革质，全缘或有波状齿，叶柄短。花小，黄绿色，雌雄异株，雄花每 3～12 朵簇生于叶腋，卵形；雌花单生，或 2～3 朵簇生。蒴果三棱状扁球形，径约 5 毫米，红褐色，花期 6～7 月，果期 8～9 月。

【花絮】我国东北、华北、华东、湖北、四川等省都有分布。

一叶荻在秋季叶色金黄，即使在疏林下也会显现出很好的景观。其适应性很强，耐寒、耐旱、耐瘠薄，在各种类型的土壤中都能正常生长，栽培容易，成活率高。在城市园林绿化中，一叶荻是一个优选树种。

羽叶茑萝

茑萝、缠松、五角星花
旋花科，茑萝属

【形态特征】蔓性一年生草本，蔓长达 6 ～ 7 米。叶互生，羽叶全裂，裂片狭线形。聚伞花序腋生，着花 1 至数朵，花径 1.5 ～ 2 厘米，花冠鲜红色，高脚碟状，呈五角星形，筒部细长。蒴果卵圆形。花期 6 ～ 10 月，果期 9 ～ 10 月。

【花絮】原产美洲热带，各地公园常见栽培。

茑萝之名源自《诗经》"茑与女萝，施于松柏"，比喻兄弟亲戚相互依附。茑即桑寄生，一种寄生小灌木；女萝即菟丝子，一种寄生草本；二者都要寄生于他物。茑萝的形态与茑、女萝二者相似，故取二者之名而名之。

羽叶茑萝茎叶细美，花姿玲珑，常作棚架，篱垣的绿化材料，又可用以遮盖表面不美观的物体。近来中外园艺工作者利用茑萝缠绕的本领，用竹子作骨架，搭成各种几何图形或者栩栩如生的动物造型，使茑萝萦绕蔓延布满其上，从而形成生动逼真的几何图形或者动物的形象。这种园艺艺术，称为"地景"。

羽叶茑萝全草及根入药，有清热消肿功效。

茑萝花

【汉】刘桢

青青女萝草，上依高松枝。
幸蒙庇养恩，分惠不可贵。
风雨曷急疾，根株不倾移。

紫茉莉

草茉莉、夜饭花、洗澡花
紫茉莉科，紫茉莉属

【形态特征】多年生草本，常作一年生植物栽培，株高约1米，茎多分枝而开展，光滑，具明显膨大的节。单叶对生，三角状卵形，全缘。花数朵集生枝端，花被长筒喇叭形，缘有5波状浅裂，花紫红、黄、白等色及复色，花朵傍晚开放，芳香。瘦果球形，黑色，表面具皱纹。花期6～9月，果期8～11月。

【花絮】原产热带美洲，我国南北各地常有栽培。

紫茉莉花期是夏季，傍晚开花，正是人们洗澡的时候，在江南一带得名"洗澡花"。紫茉莉的果子，有点像地雷，所以也有人称它为"地雷花"。

紫茉莉喜光照充足、温暖的环境，不耐寒，喜深厚肥沃的土壤；强健的直根可快速生长。

紫茉莉适宜庭院、房前屋后栽植，在林缘或稀疏林下成丛或成片栽植。紫茉莉的花、根、叶可入药。叶、胚乳可制化妆用香粉。

紫薇

百日红、痒痒树、满堂红
千屈菜科，紫薇属

【形态特征】落叶小乔木，高可达 10 米，树干光洁，老树皮呈长薄片状，剥落后平滑细腻。单叶互生或近对生，椭圆形至长椭圆形，全缘，近无柄。花两性，圆锥花序生于当年生枝条顶端，花色丰富，有淡红、紫红、白、堇等色。蒴果圆球形，种子有刺。花期 6～9 月，果期 9～10 月。

【花絮】徐州、咸阳、襄樊、自贡、安阳、基隆等市市花。我国华东、华中、华南及西南均有分布，各地普遍栽培。据记载，到唐代时紫薇已跻身为"贵人花"。

紫薇从夏至秋花开不断，故名"百日红"。诗人杨万里赞道："谁道花无红百日，紫薇长放半年花"。

紫薇有几个特点：一是树干无皮，二是"怕痒"，三是花开百日红。这里介绍"怕痒"的特点：站立树前，以手轻搔其肤，即见枝摇花动，宛如人腋窝被搔时发出的咯咯笑声。

紫薇花

【唐】白居易

丝纶阁下文书静，钟鼓楼中刻漏长。独坐黄昏谁是伴，紫薇花对紫微郎。

注：唐宋时期，翰林院里种了很多紫薇，红艳的花朵时常探出墙头迎风招展，因此那里的翰林们便被封了一个绰号"紫微郎"。诗人曾在翰林院做官，有一次值班，面对盛开的紫薇花，写下此传世诗篇。

葱莲 葱兰
石蒜科，葱兰属

【形态特征】多年生常绿草本，株高 30 ～ 40 厘米，叶基生，狭线形，暗绿色，稍肉质，具纵沟。花莛中空，稍高于叶，花单生，花瓣长椭圆形至披针形，花较小，白色，稍带淡红色。蒴果三角形。花期 7 ～ 11 月，果期 9 ～ 11 月。

【花絮】原产南美及西印度洋群岛，我国长江流域各省区普遍栽培。葱莲喜阳光充足，耐半阴。适宜温暖环境，也较耐寒。对土壤适应力强，能在贫瘠沙土中生长，但在排水良好的肥沃土壤中生长更旺。

葱莲株丛低矮而紧密，花期较长，适宜作花坛边缘和荫地的地被植物，亦可作盆栽观赏。葱莲含生物碱，民间以全株入药。

美人蕉

红蕉
美人蕉科，美人蕉属

【形态特征】 多年生草本，根茎肉质粗壮，株高 1.5 米。叶互生，下部叶较宽大，阔椭圆形，叶柄鞘状。总状花序，自茎顶抽生，着花十余朵，花大，花色有深红、橘红、黄等色。蒴果近球形，有瘤状凸起。花期 7~9 月，果期 8~10 月。

【识别提示】 美人蕉与芭蕉的区别，参见"芭蕉"。

【花絮】 原产美洲、非洲、亚洲热带地区，我国各地都有栽培。

谈到美人蕉，不能不提它为深圳赢得"花园城市"美誉立下的功劳。

2000 年在美国举办的国际"花园城市"评比中，深圳作为中国唯一的参评城市，最终勇拔头筹。深圳第一次参加该项评比活动就取得成功，美人蕉的风采是决胜的第一要素。深圳市的美人蕉给人们留下了深刻的印象 不仅横贯深南大道 20 多千米，花团锦簇、常开不败的是美人蕉，而且街头地角，朝辉夕映、灿烂照眼的还是美人蕉，一株株美人蕉成为鹏城一道亮丽的风景线。美人蕉以它矫健的身姿与顽强的生命力，得到国际"花园城市"评委们的认可。

美人蕉叶似芭蕉，体态大方美观，花色鲜艳优美，象征着热情和兴旺。唐宋以前美人蕉只有红色花，因而称之为"红蕉"，明清以后花色不再单一，称之为"美人蕉"。

美人蕉

【明】唐寅

大叶偏鸣雨，芳心又展风。

爱他新绿好，上我小庭中。

牵牛花
喇叭花
旋花科，牵牛花属

【形态特征】蔓性缠绕草本，茎细长可达 4 米，缠绕，全株有刺毛，多分枝。叶大，互生，叶片 3 裂，中央裂片特大，两侧裂片有时浅裂。花 1～3 朵腋生，花大，花冠漏斗状，有平、皱、裂等瓣形，花色丰富，有紫、蓝、红、白等色以及复色。蒴果球形，种子粒大。花期 7～9 月，果期 8～10 月。

【花絮】原产美洲热带，现我国各地广为种植。牵牛花的花形呈喇叭状，故又名喇叭花。牵牛花有个俗名叫"勤娘子"，每当公鸡刚啼过头遍，牵牛花就开放出一朵朵喇叭似的花来。牵牛花的花色易变，清晨刚开始为蓝色，经太阳晒后，就变成粉红色。

著名京剧表演艺术大师梅兰芳先生对花卉十分喜欢，还特别喜欢牵牛花。梅先生爱花成癖，很重要的一个原因是他把莳养花草、观察花草作为自己塑造人物、丰富和提高表演艺术的源泉和手段。有一次，他正俯身闻牵牛花，被朋友看见，说是像在做"卧鱼"的身段，他从中受到启发，便仔细揣摩，反复研究、实践，终于在《贵妃醉酒》中使贵妃赏花的"卧鱼"身段更加完美、生动、传神。

牵牛花

【宋】林逋山

圆似流泉碧剪纱，
墙头藤蔓自交加。
天孙滴下相思泪，
长向深秋结此花。

水竹芋

再力花
竹芋科，再力花属

【形态特征】多年生草本，株高可达2米，叶互生，卵形，叶缘紫色，上被白粉，长20～40厘米，宽10～15厘米，具较长叶柄。花序总状，小花多数，花冠淡紫色。果紫褐色。花期7～9月，果期10月。

【花絮】原产美国南部和墨西哥，我国中部和南部地区也有栽培。

水竹芋在微碱性的土壤中生长良好。喜温暖水湿、阳光充足的气候环境，不耐寒，入冬后地上部分逐渐枯死，以根茎在泥中越冬。

通过观察和实践，人们发现水竹芋的花具有捕捉昆虫的能力。此外，水竹芋在水污染处理中，具有重要的应用前景。

水竹芋是我国近年来引种的一种观赏价值极高的挺水花卉。水竹芋株形美观洒脱，叶色翠绿可爱，是水景绿化的上品花卉。也可作盆栽观赏。

苏铁 铁树
苏铁科，苏铁属

【形态特征】常绿乔木，通常高 1～4 米，个别可达 8 米，主干粗壮，坚硬如铁，被宿存的叶柄所包。叶大型羽状深裂，簇生茎顶端，裂片条形或条状披针形，中脉显著，叶锐如针，洁滑有光，深绿色。雌雄异株，雄花黄色，雌花褐色。种子倒卵形，红褐色或橘红色。花期 7～8 月，果期 10 月。

【花絮】苏铁是地球上现存最原始的一类种子植物。起源于古生代的二叠纪，繁盛于中生代的三叠纪，到第四纪冰川来临，苏铁科植物大量灭绝。我国由于青藏高原和秦岭的阻隔，在四川、云南等地有部分苏铁科植物幸免于难。20 世纪 70 年代初，在四川攀枝花发现了一片珍贵的天然苏铁林。如今，攀枝花苏铁、自贡恐龙和平武大熊猫被人们誉为"巴蜀三绝"。

苏铁因其主干硬如铁，故名"铁树"，又因其外形像凤尾，也称"凤尾蕉"。"铁树开花，哑巴说话"，可见铁树开花不易。其实在热带地区，20 年以上树龄的苏铁几乎年年开花。在温室中的苏铁，基本上可以做到 2～3 年开一次花。

苏铁生长缓慢，但其寿命极长，堪称生物界的长寿冠军。福州鼓山风景区有 3 株古老的苏铁，相传为宋代所植。

铁 树

黄人仁

青春永驻自鲜妍，剑胆琴心铁骨坚。
不向人间轻献媚，奇葩一放越千年。

五叶地锦

美国地锦、五叶爬山虎
葡萄科，爬山虎属

【形态特征】落叶藤本，老枝灰褐色，幼枝带紫红色，卷须与叶对生，5～12分枝，顶端吸盘大。掌状复叶，互生，小叶5枚，长椭圆形至倒长卵形，质较厚，叶缘具大齿，叶面暗绿色，叶背稍具白粉并有毛。聚伞花序成圆锥状，花小，黄绿色。浆果近球形，成熟时蓝黑色，稍带白粉。花期7～8月，果期9～10月。

【识别提示】五叶地锦与爬山虎，同科同属，有时都称"爬山虎"，二者区别参见"爬山虎"。

【花絮】原产美国东部，我国各地引种栽培。

五叶地锦喜温暖气候，有一定耐寒能力。耐暑热，耐庇荫，耐贫瘠、干旱，抗性强，栽培管理比较粗放。

五叶地锦蔓茎纵横，翠叶遍盖如屏，秋后入冬叶色变红或黄，十分艳丽，是垂直绿化主要树种之一，

适于配植宅院墙壁、围墙、庭园入口等处。

五叶地锦与爬山虎可以搭配栽植，从而达到优势互补。颐和园新建宫门南侧围墙，以爬山虎为主、五叶地锦为辅，这样不但使墙面覆盖得快，而且在翻过墙头后可以形成绿色垂帘，从而绿化效果更佳。

向日葵

葵花
菊科，向日葵属

【形态特征】一年生草本，株高90～200厘米，全株被粗硬刚毛，茎粗壮。单叶互生，宽卵形，边缘有锯齿，有长柄。头状花序单生枝顶，盘状，外轮为舌状黄花，不结实，用于诱引昆虫授粉；内轮为管状花，棕色或紫色，结实。瘦果，长椭圆形。花期7～9月，果期9～11月。

【花絮】原产北美及墨西哥一带，我国南北地区广泛种植。

向日葵因其茎端的花盘能随着日光转移而得名。它为什么会日复一日地向着太阳转动呢？这是因为向日葵花盘基部花柄的纤维细胞里含有一种生长雌激素，其中背光部分的生长雌激素比向光部分多，所以背光的纤维细胞比向光的纤维细胞生长快，这就导致花盘总是向着太阳转。

向日葵在园林中适于花境、庭院种植，也可作切花。它对二氧化硫具有很强的吸收能力，因此可净化空气、保护环境。向日葵是油料作物，葵花仁含油率高达40%～50%。现代医学认为，葵花仁含有维生素B8，具有增强老年人记忆力的作用。向日葵茎秆纤维可制隔音板、造纸等。

葵 花

【宋】梅尧臣

此心生不背朝日，肯信众草能翳之。

真似节旄思属国，向来零落谁能持。

一串红 西洋红
唇形科，鼠尾草属

【形态特征】多年生草本，株高30～90厘米，茎四棱，光滑，茎节常为紫红色。叶对生，叶片卵形或卵圆形，叶缘有锯齿，有长柄。总状花序顶生，小花2～6朵轮生，红色，花萼钟状，与花瓣同色，花冠唇形红色，有长筒伸出萼外，雄蕊和花柱伸出花冠外。小坚果卵形。花期7～10月，果期8～10月。

【花絮】原产巴西，我国引种还不到百年。最初的名字由音译而来叫"沙尔维亚"，后来因为一串红的花形似一串小鞭炮，大家便称它一串红。我国的民情风俗，逢喜庆吉日都采用大红颜色布置环境，并燃放爆竹，欢度佳节，一串红正好满足这种需求，成为喜庆吉日布置环境的首选花卉。

　　采取适当方法，可使一串红一年四季开花。如果希望五一节开花，应在头年8月下旬露地播种，11月中下旬栽盆，温度保持在20℃左右，在阳光充足的条件下，可届时开花。

一串红

左竹逸

闲将爆竹小园栽，好共黄花怡老怀。

无论世人青白眼，都披霜雪送红来。

注：一串红俗称爆竹花。

玉簪

玉春棒、白鹤花、白萼花
百合科，玉簪属

【形态特征】多年生草本，根状茎粗壮，有多数须根，叶基生成丛，心状卵圆形，具长柄，叶脉弧形。花莛自叶丛中抽生，高出叶面，总状花序，小花9～15朵，花白色，有香气，具细长的花被筒，先端6裂，呈漏斗状。蒴果圆柱形，种子黑色。花期7～9月，果期8～10月。

【花絮】原产我国及日本。200年前传入欧洲，因其花姿清幽，香气文雅，轰动全欧洲，成为许多国家花卉的珍品。

玉簪因其花苞形似古代妇女绾住发髻的簪子而得名。

关于玉簪有许多美丽的传说。传说王母娘娘对女儿管教甚严，小女儿性格刚烈，自小喜欢自由，向往人间无拘无束的生活。一次，小女儿赴瑶池为母后祝寿，想乘机下凡走一遭，不料心事被王母看穿，脱身不得。小女儿于是将头上的白玉簪子拔下，对它悄悄说"你代我到人间去吧"。于是佯作醉酒状，让头上的玉簪坠落凡尘。一年后，在玉簪落下的地方，长出了像玉簪一样的花朵，散发出幽静清新的香味，这便是我们今天看到的玉簪。

玉簪花期较长，占尽秋色，为此文人志士留下了不朽的诗文。

玉 簪

【宋】黄庭坚

宴罢瑶池阿母家，嫩琼飞上紫云车。
玉簪堕地无人拾，化作江南第一花。

8月开花篇

黄花槐
黄槐
豆科，决明属

【形态特征】常绿小乔木或灌木，高4～7米，树干直立空心。叶互生，偶数羽状复叶，小叶7～9对，长椭圆形或卵形。叶片似含羞草，每天晚上7时左右收拢，次日早上8时前后再打开。总状花序腋生，花黄色或深黄色，每朵花有花瓣5枚。荚果扁平，长条形。花期8～12月，果期翌年春季。

【花絮】原产印度、斯里兰卡、马来群岛和大洋洲，现在我国许多城市，包括北京已经成功栽培。

黄花槐为热带阳性树种，何以能在北京的深秋开花？这要感谢已经从中国林业科学研究院退休的郑世锴和于淑兰。两位研究员将热带的观花灌木黄花槐从武汉、南京、四川、山东一路试种到北京，在北京进行了6年引种栽培试验，证明黄花槐虽然是热带植物，采取一些措施能够适应北京的气候，可以正常生长和开花。

黄花槐树形美丽，化鲜黄，花期长，在原产地全年都可开花，盛花期在9月至12月；花量多，盛花时满树黄色，远看金色灿灿。它开花结实无大小年现象，适应性和抗性强，长势旺，耐干旱，是优良的园林观赏树种。

鸡冠花 红鸡冠、球头鸡冠
苋科，青葙属

【形态特征】一年生草本，株高 30～90 厘米，茎直立，有棱线或沟。叶互生，卵形或线形，全缘，基部渐狭。穗状花序大，肉质，顶生；中下部集生小花，呈鸡冠状，花被及苞片有玫瑰红、白、黄、橙等色。胞果卵形，内含种子多数，种子很小，亮黑色。花期 8～10 月，果期 9～10 月。

【花絮】原产印度等地，唐代传入我国，各地广为栽培。古时，鸡冠花是一种颇为神圣之花，在阴历七月十五的中元节，用它祭祀祖先，以表达对亡人的缅怀。

鸡冠花因其花序扁平、扭曲折叠，宛如公鸡头上殷红的鸡冠，高高突兀而得名"鸡冠花"、"红鸡冠"。

鸡冠花是夏秋季节观赏花卉，其花和种子还可入药。

明代侍奉皇帝的学士解缙才华横溢、聪明机智。皇帝朱棣爱其才，而厌其傲。一日在御花园赏秋景，见鲜红的鸡冠花中，独有一株白鸡冠花，就藏在袖子里，命解缙为

鸡冠花作诗。解缙脱口而出"鸡冠本是胭脂染"，一语刚落，皇帝就从衣袖中取出白色鸡冠花，说道"花是白的"，解缙略作停顿，随即吟道"今日如何浅淡妆。只为五更贪报晓，至今戴却满头霜。"这首充满才智的佳作，不仅让后人了解了当时鸡冠花色彩之丰富，也记住了有才华、机智过人的解缙。

鸡冠花
【唐】罗邺
一枝秾艳对秋光，露滴风摇依砌傍。
晓景乍看何处似，谢家新染紫罗裳。

8
月
开
花
篇

145

榔榆

小叶榆、秋榆
榆科，榆属

【形态特征】落叶乔木，高可达25米，树冠扁球形或卵圆形，树皮灰褐色，常裂成不规则薄片状剥落，内皮红褐色，较光滑。单叶互生，革质，叶较小而厚，长椭圆形，基部偏斜，叶缘具单锯齿。花两性，簇生当年生枝上。翅果长椭圆形，种子位于翅果中央。花期8～9月，果期9～10月。

【识别提示】榔榆的树皮极有特色，请注意与木瓜、紫薇比较。木瓜的树皮也会成不规则薄片状剥落，但是内皮橙黄色或黄褐色；紫薇的老树皮成长薄片状，剥落后平滑细腻。

【花絮】除东北、西北、西藏及云南外，我国各省均有分布。

榔榆喜光，喜温暖气候，稍耐阴，适应性广，土壤酸碱均可；生长速度中等，寿命较长；对二氧化硫等有毒气体抗性较强。

榔榆树形优美，姿态潇洒，枝叶细密，可在庭院中与亭、榭、山石等配植，还可作庭荫树和行道树。其木质坚硬，可供工业用材；茎皮纤维强韧，可作绳索和人造纤维，根、皮、嫩叶入药。

福建漳州南郊有一个世代以种花为业、闻名遐尔的百花村，村内有两株引人注目的榔榆老树。这对榔榆因长年盆栽，虽历经500余载，树高仍不足2米，但经长年培育修剪，树冠顶层独立为伞状，余下两层由两分枝互生组成，形如双手托盘，整个造型具岭南风格。稍远望去，两树似双塔并立，如嫦娥对舞；在阳光沐浴下，又宛如鸳鸯嬉戏，美妙之极。1964年1月朱德委员长曾来到百花村，并将其命名为"鸳鸯古榔榆"。

秋海棠

秋海棠科，秋海棠属

【形态特征】多年生草本，株高 30～60 厘米，茎直立，半透明略带肉质。叶互生，歪心形，边缘有锯齿，绿色或淡紫色。聚伞花序腋生，花单性，花色有粉红、红、黄、白等色。蒴果三棱形，种子多数而细小。花期 8～10 月，温度适宜则四季开花。

【识别提示】秋海棠与海棠，虽然花名都带"海棠"两字，但却完全是两种植物。二者区别参见"垂丝海棠"。

【花絮】原产我国及巴西，现世界各地均有栽培。

秋海棠类植物栽培品种极多，有记载的就有 1 万多个。秋海棠可分为三大类：须根类、根茎类和块茎类。

秋海棠喜温暖、湿润环境，不耐寒，忌强光暴晒。可配置于阴湿地，点缀在树荫下，或岩石、建筑物旁的花坛、花境中。

宋代诗人陆游与唐婉的爱情悲剧故事，也与秋海棠有关。陆游为母所逼与爱妻唐婉分离，唐婉赠送一盆秋海棠给陆游作纪念，陆游请唐婉代管，并将花名改为"相思红"。1155 年陆游回到老家，在沈园见到这盆秋海棠，又碰巧见到改嫁他人的唐婉。陆游苦闷万千，在沈园墙上题写了名传后世的《钗头凤》：

红酥手，黄滕酒，满城春色宫墙柳。东风恶，欢情薄，一怀愁绪，几年离索。错！错！错！春如旧，人空瘦，泪痕红浥鲛绡透。桃花落，闲池阁，山盟虽在，锦书难托。莫！莫！莫！

据说唐婉看后，伤感不已，在夜深人静之时，含泪和了一首《钗头凤》：

世情薄，人情恶，雨送黄昏花易落。晓风干，泪痕残，欲笺心事，独语斜栏。难！难！难！人成各，今非昨，病魂常似秋千索。角声寒，夜阑珊，怕人寻问，咽泪装欢。瞒！瞒！瞒！

狭叶十大功劳

十大功劳
小檗科，十大功劳属

【形态特征】常绿灌木，高可达2米，茎直立，树皮灰色。叶互生，奇数羽状复叶，狭披针形，侧生小叶等长，顶生小叶较大，革质，叶缘有刺针状锯齿。总状花序，4～8个簇生，花黄色。浆果圆形或长圆形，长4～5毫米，蓝黑色，有白粉。花期8～9月，果期11～12月。

【识别提示】狭叶十大功劳与阔叶十大功劳，虽然同科同属，但是有许多差异：狭叶十大功劳，株高2米，叶狭长，花小，8～9月开花，果小，果期11～12月。而阔叶十大功劳，株高3～4米，叶较宽，花大，3～4月开花，果大，果期5月。

【花絮】原产我国，分布于湖北、四川、浙江等省。狭叶十大功劳枝干挺直，叶形奇异，黄花成簇，十分典雅。可点缀于假山上或岩隙、溪边，也可盆栽。其根、茎、叶含生物碱，全株可供药用。

猫头花

陈朝葵

远看似猫头，近观如绣球。

园林小老鼠，一见便生愁。

桂花
木犀
木犀科，木犀属

【形态特征】常绿灌木或乔木，高可达15米，树冠圆形或椭圆形。单叶对生，叶面光滑，革质，椭圆形或椭圆状披针形，全缘或上半部有细锯齿。花单生或顶生，聚伞状花序由5～9朵小花组成，簇生于叶腋，花小，淡黄色，芳香馥郁。核果椭圆形。花期9～10月，果期翌年4～5月。

【识别提示】桂花有金桂、银桂、丹桂、四季桂等品种。金桂：花黄橙色，香最浓，易落；银桂：花黄白色，香气较金桂淡，不易落；丹桂：花橙红色，色美，香浓，发芽迟；四季桂：花黄白色，花期长，四季开花，但以秋季为盛，香气淡而花量少。

【花絮】杭州、合肥、南阳、桂林等市市花。原产我国，长江流域及其以南地区广为栽培。春秋战国时期的《山海经》中已经提到"招摇之山多桂"，屈原的《九歌》亦有"援北斗兮酌桂浆，辛夷车兮结桂旗"的诗句。桂花是长寿植物。在陕西省南郑县的圣水寺有一株桂花树，相传为汉代月下追韩信的萧何所植，至今已2000多年。

古时的科举考试制度，乡试在农历的八月进行，八月又称桂月，人们就把参加科举考试选拔人才喻为折桂，考中状元即称为"蟾宫折桂"。现今人们还将获得各种殊荣称为夺得"桂冠"。

桂花是崇高、贞洁、荣誉、友好和吉祥的象征。自古以来，许多诗人颂扬桂花，甚至将桂花加以神话。

东城桂

【唐】白居易

遥知天上桂花孤，试问嫦娥更要无？
月宫幸有闲田地，何不中央种两株？

红花石蒜

石蒜
石蒜科，石蒜属

【形态特征】多年生宿根草本，地下具鳞茎，广椭圆形或近球形。叶线形，深绿色，花茎枯萎后即抽生。花茎直立，高30～60厘米，伞形花序顶生，花鲜红色，着花5～7朵或4～12朵，雌雄蕊很长，伸出花冠外并与花冠同色。蒴果近球形。花期9～10月，果期10～11月。

【有毒提示】红花石蒜鳞茎内含有石蒜碱，虽可供药用，但这是有毒物质。人的皮肤和石蒜碱接触后会引起红肿发痒，石蒜碱被吸入呼吸道会引起鼻出血，误食后会引起呕吐、腹泻、手脚发冷、休克，严重时可因神经中枢麻痹而死亡。

【花絮】原产我国，分布于长江流域以及西南各省区。

野生石蒜长在山野阴湿的石隙岩缝之中，而且其叶和鳞茎酷似蒜，故得名"石蒜"。

石蒜开花时无叶陪伴，花茎破土而出，顶托着造型优美、花色鲜红的花朵，颇令人惊奇。由此，国人称之"平地一声雷"，西方人称之"魔术花"。每年10月石蒜花谢后，叶迅速从地下鳞茎抽生，形如细带，青翠诱人，经冬不凋，翌年5月石蒜叶枯萎，古人称其为"叶花不相见"。

咏龙爪花
刘夜烽

猎猎红旗漫卷风，长缨在手缚苍龙。
当年斫断苍龙爪，爪上于今血尚红。
注：红花石蒜也称"龙爪花"。

菊花

黄花、节花、秋菊、秋英
菊科，菊属

【形态特征】多年生草本，株高60～150厘米，分枝多。单叶互生，卵圆形至阔披针形，边缘有粗大锯齿或深裂，叶表有腺毛，分泌菊叶香气。头状花序单生或数个聚生茎顶，微香，花序边缘为舌状花，舌状花的颜色及形态极多。瘦果褐色而细小，常不发育。花期9～11月，果期10～11月。

【花絮】北京、开封、中山、南通、湘潭、彰化等市市花。原产我国，现世界各地普遍栽培。早在西周时期的《礼记·月令》中就有记载："季秋之月，菊有黄华"，因此菊花又叫秋菊和黄花。

公元1104年刘蒙泉的《刘氏菊谱》问世，这是我国第一部菊谱，也是世界上第一部菊花专著。该书按照菊花的颜色分类，以黄为正，依次为白、紫、红，对后人影响很大。

公元10世纪我国菊花经朝鲜传入日本，成为日本朝野崇拜的对象。我国每年九月初九的重阳节，在日本称菊节。日本古称日出之国，因菊花形如太阳，日本人便认为它是太阳的化身，日本国旗上大家误认为太阳的图案，实际上是一朵16瓣的金菊。

古书曾记载说，菊花的"苗可以菜，花可以药，囊可以枕，酿可以饮，所以高人隐士篱落畦圃之间，不可一日无此花也"。

菊花耐寒，生命力旺盛，花时正值深秋，往往在严寒之后继续开花，因而常被文人们慕其高风亮节，百般吟咏。人们爱菊，不仅喜欢它的姿容和色彩，更喜爱它那凌霜傲雪的品质。

不第后赋菊

【唐】黄巢

待到秋来九月八，
我花开后百花杀。
冲天香阵透长安，
满城尽带黄金甲。

9月开花篇

木芙蓉

芙蓉花、拒霜花
锦葵科，木槿属

【形态特征】落叶灌木或小乔木，高2～5米，树冠球形，小枝密生茸毛。茎、叶、果和花萼均密生星状毛和短柔毛。单叶互生，卵圆状心形，掌状3～5裂，有时7裂，边缘钝锯齿。花大，单生枝端叶腋，花白色或淡红色。蒴果扁球形，密被黄色毛。花期9～10月，果期10～11月。

【花絮】成都等市市花。原产我国四川、云南、广东、山东等省。成都是木芙蓉栽培最盛的地方，全国闻名。《成都记》上记载，五代后蜀蜀主孟昶喜欢芙蓉花，在成都城遍种芙蓉，因此人们又把成都叫芙蓉城，简称蓉城。

关于芙蓉花名的来历，传说成都有一位勤劳善良的芙蓉姑娘，每日去锦江边淘米时，总有一尾鲤鱼游来，姑娘投米喂养，表示友好。一天，鲤鱼告诉姑娘一个秘密：黑龙在五月初五发洪水，将淹没成都，切勿走漏风声，免遭杀身之祸。姑娘忧心如焚，毅然传告四邻，使全城百姓安全撤离。五月初五这天，黑龙直扑芙蓉姑娘，姑娘拔剑迎战，最后英勇牺牲，芙蓉姑娘的鲜血流到成都，化为朵朵绚丽的红花，人们便将这种花叫芙蓉花。

深秋季节，万花纷纷凋谢，木芙蓉却是绚丽怒放，生气勃勃，傲气足以拒霜，所以又名拒霜花。木芙蓉一派顽强战斗的气势，深受文人墨客欣赏。

木芙蓉
【唐】柳宗元

有美不自蔽，安能守孤根。
盈盈湘西岸，秋至风露繁。
丽影别寒水，秾芳委前轩。
芰荷谅难杂，反此生高原。

八角金盘 五加科，八角金盘属

【形态特征】常绿灌木或小乔木，高可达 5米，茎光滑无刺。单叶互生，近圆形，掌状 7～11深裂，边缘有锯齿或波状，表面深绿色，光亮无毛，背面淡绿色，有粒状突起，边缘有时呈金黄色，革质；叶柄长 10～30 厘米，基部肥厚。伞形花序集成顶生圆锥花丛，花小，乳白色。浆果球形，紫黑色。花期 10～11 月，果期翌年 5 月。

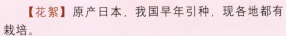

【花絮】原产日本，我国早年引种，现各地都有栽培。

八角金盘枝叶茂盛，高低疏密有致，叶色亮绿，托以长柄，状似金盘，故有"八角金盘"之名。

八角金盘有三喜三怕：喜温暖，怕酷热；喜湿润，怕干旱；喜荫蔽，怕强光。

八角金盘是优良的观叶植物，四季常绿，株形优美，适宜配植于庭前、门旁、窗边及建筑物背阴面，也可点缀在溪流滴水之旁、桥头、树下，或盆栽观赏。它对二氧化硫抗性较强，适宜在厂矿区域种植。在日本庭院中，八角金盘被称为"庭院树下木之王"。

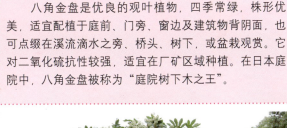

胡颓子

羊奶子
胡颓子科，胡颓子属

【形态特征】常绿灌木，高可达4米，有棘刺，小枝开展，被锈褐色鳞片。叶互生，革质，椭圆形至长圆形，边缘微波状，表面绿色，有光泽，初有鳞片，后脱落；叶柄粗壮，褐色。花银白色，芳香，1～4朵簇生叶腋。果实椭圆形，成熟时红色。花期10～11月，果期翌年5月。

【花絮】主要分布于长江以南各省区。其变种有金边胡颓子、玉边胡颓子、金心胡颓子等。

胡颓子喜光，耐半阴，喜温暖气候，稍耐寒。对土壤适应性强，耐干旱贫瘠，耐水湿，耐盐碱，抗空气污染。

胡颓子果实熟时味甜可食，根、叶、果实均可入药。

胡颓子叶、果十分美丽，适宜在林下、边缘、路边栽种。

枇杷
卢橘
蔷薇科，枇杷属

【形态特征】 常绿乔木，高可达 12 米，树冠圆形。小枝、叶背、叶柄均密被锈色茸毛。单叶互生，革质，倒卵形披针形，全缘，表面多皱、绿色，背面及叶柄密生灰棕色绒毛。圆锥花序顶生，花白色，有芳香。梨果近球形，黄色或橘黄色。花期 10～12 月，果期翌年 5～6 月。

【花絮】 原产我国四川、湖北、浙江等省，长江以南各省多作果树栽培，苏州及莆田都是枇杷的有名产地。

枇杷不但味道鲜美，营养丰富，而且有很高的保健价值。《本草纲目》记载："枇杷能润五脏，滋心肺"，中医传统认为，枇杷果有祛痰止咳、生津润肺、清热健胃之功效。而现代医学更证明，枇杷果中含有丰富的维生素、苦杏仁甙和白藜芦醇等防癌、抗癌物质。

枇杷曾被古人误称为卢橘。苏东坡曾有"客来茶罢空无有，卢橘杨梅尚带酸"之说。有人问他卢橘是什么果子？他说"枇杷是也"，于是后来有些书里也跟着说"枇杷，一名卢橘"。而司马相如在《上林赋》里说"卢橘夏熟，黄甘橙楱，枇杷橪柿，亭奈厚朴"。几样东西是并列陈述的。可见卢橘是卢橘，枇杷是枇杷。李时珍说："以枇杷为卢橘，误矣。"

枇 杷
【宋】宋祁

有果产西裔，作花凌薯寒。
树繁碧玉叶，柯叠黄金丸。
上都不可寄，咀味独长叹。

雪松 喜马拉雅雪松
松科，雪松属

【形态特征】常绿乔木，高可达50米以上，树冠塔形，树皮深灰色。叶针形，灰绿色，坚硬。雄球花近黄色，通常比雌球花早放；雌球花初为紫红色，后呈淡绿色，微有白粉，较雄球花为小。球果大，卵圆形，熟时红褐色。花期10～11月，果期翌年9～10月。

【花絮】原产喜马拉雅山西部海拔1300～3300米的山地，广泛分布于不丹、尼泊尔、印度和阿富汗等地区。我国从1920年引种雪松，现在各地园林中均有栽培。

关于雪松名字的来历，一种说法是它一年中多数时间枝叶上覆盖着一层晶莹的雪霜，显然，这是指雪松在它的出生地喜马拉雅山时的生活场景。另一种说法是它的新生枝条为灰白色，并密生着灰白色的绒毛，而且新生的针叶上附着一层白粉，看似披霜戴雪。

雪松生长较慢，但是寿命较长，传闻印度有棵600多年生的雪松，树高76米，胸径约2米，依然苍翠葱郁。

雪松是世界著名的风景树，与金钱松、南洋杉、日本金松、美国希佳木，并称世界五大园林观赏树种。

叶子花

三角花、宝巾花
紫茉莉科，叶子花属

【形态特征】常绿灌木，茎具弯刺，密生绒毛。单叶互生，卵形或卵圆形，被厚绒毛，全缘。花生于新梢顶端，常3朵簇生于3枚较大的苞片内，苞片叶状三角形或椭状卵形，鲜红色。瘦果。花期10月至翌年6月，温度适宜的地方可全年有花。

【花絮】深圳、珠海、厦门等市市花。原产巴西。我国引种的历史并不长，但是由于它繁殖容易，适应性强，颜色艳丽，观赏期长，因此栽培比较普遍，尤其是我国南方城市。

在17世纪中叶，欧洲的许多植物学家到新大陆去寻找新植物。有一位叫费力贝克的植物学家跟随船长布根维勒，在巴西靠大西洋沿岸处发现了这种叶子变态所形成的别致的"花朵"。人们为了纪念这位做出卓越贡献的船长，就以船长名字"布根维勒"命名了这种花，"布根维勒"可以音译为"宝巾"，因此，叶子花又名"宝巾花"。

叶子花有3枚色彩艳丽夺目的苞片，与三角形的叶子一模一样，但不是绿色，看上去像是染上了红、黄、白、橙等多种颜色，酷似美丽的"花瓣"。在3枚叶状苞片内被我们认为是三个"花蕊"的，才是真正的花朵。这真正的花朵不但花小，而且没有香味，全靠叶子花的苞片"花瓣"吸引蜜蜂或蝴蝶，从而解决叶子花的传宗接代难题。

茶梅 山茶科，山茶属

【形态特征】常绿灌木，高3～6米，树冠近球形，嫩枝有毛。单叶互生，革质，椭圆形或长卵形，叶缘有锯齿，表面有光泽。花单生，无柄，有单瓣和重瓣，花色有白色和红色，稍有香气。蒴果球形，稍被毛。花期11月至翌年2月，果期8～9月。

【识别提示】茶梅与山茶花的主要区别，参见"山茶花"。

【花絮】主要分布于我国江苏、浙江、福建、广东等南方各省。

茶梅在我国栽培历史悠久，据查考，南宋陈景沂的《全芳备祖》中记载了陶弼的七言绝句："浅为玉茗深都胜，大曰山茶小海红。名誉漫多朋援少，年年身在雪霜中。"其中所述的"海红"即指茶梅。

茶梅因其叶似茶，其花形似梅，故名"茶梅"。在冰雪之中，茶梅花与雪花相衬，红白辉映，枝叶摇曳，给人种和谐、温馨的意境。

茶梅喜光，稍耐阴，喜温暖气候及酸性土壤，不耐寒。南方常植于庭院观赏，北方盆栽观赏。

咏茶梅花

【宋】刘仕亨

小院犹寒未暖时，
海红花发昼迟迟。
半深半浅东风里，
好是涂熙带雪枝。

腊梅
蜡梅、黄梅花
腊梅科，腊梅属

【形态特征】落叶灌木，高达5米，丛生，小枝四棱形，老枝近圆柱形。单叶对生，叶半革质，卵状椭圆形，全缘，叶表面粗造，有硬毛，背面光滑无毛。花单生于枝条两侧，花被片蜡质黄色，内层花被有紫色条纹，浓香。花托发育成蒴果状，内含瘦果数粒。花期11月至翌年2月，果期5～6月。

【花絮】镇江等市市花。原产我国中部，秦岭地区及湖北有野生。

腊梅通常农历十二月开花，十二月称为"腊月"，因而得名"腊梅"。其花黄色，像蜂蜡雕塑而成，故又得名"蜡梅"。

关于腊梅的来历有个传说：春秋战国时期的鄢陵国王酷爱黄梅，但黄梅虽艳却无香味，于是蛮横的国王下旨，限一个月内让黄梅吐香，否则将国内花匠全部处死。正当花匠们束手无策时，一位老乞丐将一枝臭梅送给一姚姓花匠，说"此臭梅与黄梅嫁接即可吐香"。姚姓花匠依言行事，果然黄梅吐出了芬香，从此便有"鄢陵黄梅冠天下"之说。如今河南鄢陵尚有百年以上的腊梅树。

腊梅不仅花香闻名，而且腊梅花香精价格不菲，在国际市场上，1克腊梅花香精的价格相当于5克黄金。

腊　梅

【宋】陈与义

一花香十里，更值满枝开。
承恩不在貌，谁敢斗香来。

竹类篇

竹是我国传统的观赏植物之一，有悠久的历史。1954年在西安半坡村仰韶文化遗址中出土的5000年前的陶器上，已经有"竹"的象形符号。在甲骨文能识别的900个汉字中，竹字部首的有6个。

竹类栽培在我国有3000多年的历史。远在黄帝时代，已用竹类制作乐器。春秋时期，竹简、竹牍十分流行，据记载，秦始皇每天批阅的竹简达150千克。20世纪70年代在山东临沂出土的2000年前的《孙子兵法》、《孙膑兵法》，还有秦律、汉律，都是用竹简写成的。

全世界有120属1 000多种竹。我国是竹的原产地之一，也是主要的产竹国家，有37属400余种竹，产量居世界首位。

竹的开花周期在植物中是最长的，少则几年、十几年，多则几十年，最长的竟高达120年。"种竹千倍利，只怕开花时"，竹一旦开花，全株就会枯死，鞭根腐烂。竹的开花之谜，引起中外学者的重视，形成了"周期说"和"营养说"，各有其理。

宋代诗人苏东坡有一段话，概括了竹的多种用途："食者竹笋，庇者竹瓦，载者竹筏，书者竹纸，戴者竹冠，履者竹鞋，衣者竹皮，炊者竹薪，真可谓一日不可无此君也！"

竹四季青翠，虽严寒而不凋，竹的劲直挺拔博得古代文人墨客的钟爱，因此竹与松、梅被誉为"岁寒三友"，竹与梅、兰、菊并称为"四君子"。北京紫竹院公园，从1994年起每年4月25日至6月1日都举办竹文化节。

公园常见花木识别与欣赏

我国历代诗人咏竹诗篇甚多，这里推荐几首，供欣赏。

严郑公宅同咏竹
【唐】杜甫

绿竹半含箨，新梢才出墙。

色侵书帙晚，阴过酒樽凉。

雨洗娟娟净，风吹细细香。

但令无剪伐，会见拂云长。

於潜僧绿筠轩
【宋】苏轼

可使食无肉，不可使居无竹。

无肉令人瘦，无竹令人俗。

人瘦尚可肥，士俗不可医。

傍人笑此言，似高还似痴。

若对此君仍大嚼，世间那有扬州鹤。

画竹诗
【明】唐寅

一林寒竹护山家，秋夜来听雨似麻。

嘈杂欲疑蚕上叶，萧疏更比蟹爬沙。

菲白竹 禾本科，青篱竹属

【形态特征】小型竹，秆矮小，高不及1米，径0.2～0.3厘米。秆箨宿存，箨鞘无毛，无箨耳及继毛，箨舌不明显，箨叶小，披针形。竹叶披针形，两面具白色柔毛，背面较密；叶片绿色，具明显的白色或淡黄色纵条纹。笋期5月。

【花絮】原产日本，我国引种栽培。叶面上有白色或淡黄色纵条纹，故名"菲白竹"。

菲白竹耐寒、耐阴，喜温暖、湿润气候，沙性肥沃土壤，生长密集，且可任意修剪，病虫害极少，管理简单、粗放，是园林绿化植物中的优秀品种。

菲白竹植株低矮，叶片秀美，常植于庭园观赏；栽作地被、绿篱或与假石相配都很合适；也是盆栽或盆景中配植的好材料。

凤尾竹 禾本科，箣竹属

【形态特征】丛生型小竹，秆高1～2米，径0.5～1厘米，枝秆稠密，纤细而下弯。每小枝有叶9～13枚，羽状排列，叶细小，线状披针形，长2～5厘米，深绿色。笋期6～9月。

【花絮】原产我国广东、广西、四川、福建等地，江苏、浙江一带也有栽培。

凤尾竹是孝顺竹的变种，因其竹叶形状似传说中的凤凰之尾而得名。凤尾竹聚集成丛，美态万千，又被誉为"竹中少女"。

凤尾竹株丛密集，竹干矮小，枝叶秀丽，常用于盆栽观赏，点缀小庭院和居室，也常用于制作盆景或作为低矮绿篱材料。

箬竹 禾本科，箬竹属

【形态特征】 竹秆混生型，灌木状，秆高约 2 米，直径 0.4～1 厘米，通直，近实心，每节分枝 1～3，与主秆等粗。箨鞘质坚硬，箨舌平截，鞘口缝毛流苏状。小枝有叶 1～3 枚，上面翠绿色，下面白色微有毛。笋期 5 月。

【花絮】 原产我国，分布于华东、华中地区及陕南汉江流域。较喜光，林下、林缘生长良好。喜温暖湿润的气候，稍耐寒。喜土壤湿润，稍耐干旱。

箬竹叶宽大，叶色翠绿，是园林中常见的地被植物，也是常见的观赏竹种。箬竹可以丛植点缀假山、坡地，也可以密植成篱，亦可植于河边、池畔，既可护岸，又颇有野趣。

箬竹叶片还可作粽叶，作斗笠等衬垫。

孝顺竹 凤凰竹、慈孝竹
禾本科，箣竹属

【形态特征】竹秆丛生，高2～7米，径
0.5～2.2厘米，每节多分枝，其中1枝较粗壮。箨
鞘薄革质，硬脆，淡棕色，无毛；无箨耳或箨耳
很小，有纤毛；箨舌不显著，高约1毫米。每小
枝有叶5～12枚，二列状排列，窄披针形，叶表
面深绿色，叶背粉白色，叶质薄。笋期6～9月。

【花絮】主要分布于我国华南、西南至长江流
域各地。喜温暖湿润环境，是丛生竹类中分布最广、
适应性最强的竹种之一。

孝顺竹的名字蕴藏着一个动人的传说。古代有
一爱竹母亲辛苦养育一群子女，子女们成人后十分

孝敬母亲。母亲死后，子女们将她安葬
在竹林中，每年都去祭拜。百年后，这
些子女们也先后亡故，孙辈们将他们也
都安葬在爱竹母亲的墓旁。不久人们在
墓旁发现了一片奇怪的竹林，夏季出笋，
总是出在浓荫处；冬季出笋，总是出在
阳光处。人们都说，新笋是爱竹母亲的
化身，那些成竹都是子女们变的，子女
们即使变成竹子，仍不忘给爱竹母亲创
造一个冬暖夏凉的环境，于是，人们将
这种竹子称为"孝顺竹"。

紫竹

黑竹、乌竹
禾本科，刚竹属

【形态特征】中小型竹，乔木状，秆高3～10米，径2～5厘米，新秆绿色，老秆变为棕紫色以至紫黑色。箨鞘淡玫瑰紫色，背面密生毛，无斑点；箨耳镰形，紫色；箨舌长而隆起；箨叶三角状披针形，绿色至淡紫色。叶片2～3枚生于小枝顶端，披针形，长4～10厘米，质较薄。笋期5月。

【花絮】原产我国，广泛分布于华北及长江流域至西南地区。较耐寒，北京可以露地栽培。

紫竹秆紫黑色、叶翠绿，极具观赏价值。宜与黄槽竹、斑竹等观赏竹种配置在山石之间、园路两侧、池畔水边、书斋和厅堂四周。亦可盆栽等。

紫竹较坚韧，宜作钓鱼竿、手杖等工艺品及箫、笛、胡琴等乐器用品。

紫竹花
【宋】晏殊

长夏幽居景不穷，
花开芳砌翠成丛。
窗南高卧追凉际，
时有微香逗晚风。

主要参考文献

[1]　方彦等．园林植物．北京：高等教育出版社，2002

[2]　祁云枝．与植物零距离．西安：陕西科学技术出版社，2005

[3]　杨先芬等．花卉文化与园林观赏．北京：中国农业出版社，2005

[4]　国家林业局．中国树木奇观．北京：中国林业出版社，2003

[5]　邓国光，曲奉先．中国花卉诗词全集．郑州：河南人民出版社，1997

[6]　龙雅宜等．常见园林植物认知手册．北京：中国林业出版社，2006

[7]　高世良．百花百话．天津：百花文艺出版社，2007

[8]　徐海宾．赏花指南．北京：中国农业出版社，1996

[9]　黄洽，刁猛，熊范孙．芳香益寿谈奇花．天津：天津科学技术出版社，2005

[10]　高润清等．园林树木学．北京：气象出版社，2005

[11]　陈裕，梁育勤，李世全．中国市花培育与欣赏．北京：金盾出版社，2005

[12]　赵慧文．中华历代咏花卉诗词选．北京：学苑出版社，2005

[13]　高兴选注．古人咏百花．合肥：黄山书社，1985

[14]　柏原．谈花说木．天津：百花文艺出版社，2004

[15]　刘联仁，彭世逞，刘方农．花卉应用指南．北京：中国农业出版社，2007

[16]　严奠烽，汤若霓．花卉鉴赏纵横谈．长沙：湖南科学技术出版社，2007

[17]　董汉良．赏花与药用趣谈．北京：人民军医出版社，2006

[18]　王意成，刘树珍，王翔．家庭四季养花．南京：江苏科学技术出版社，2003

[19]　关正君，李作文等．常见园林树木160种．沈阳：辽宁科学技术出版社，2006

[20]　毛龙生等．观赏树木学．南京：东南大学出版社，2003

[21]　纪殿荣，冯耕田等．观果观叶植物图鉴．北京：农村读物出版社，2003

[22]　宋兴荣等．观花植物手册．成都：四川科学技术出版社，2005

[23]　秦帆等．观叶植物手册．成都：四川科学技术出版社，2006

[24]　刘建秀等．草坪·地被植物·观赏草．南京：东南大学出版社，2001

[25]　喻勋林，曹铁如．水生观赏植物．北京：中国建筑工业出版社，2005

图书在版编目（CIP）数据

公园常见花木识别与欣赏/殷广鸿主编. —北京：中国
农业出版社，2010.1（2018.3重印）
ISBN 978-7-109-13999-2

Ⅰ. 公…　Ⅱ. 殷…　Ⅲ. 园林植物－简介　Ⅳ. S68

中国版本图书馆CIP数据核字（2009）第108396号

中国农业出版社出版
（北京市朝阳区农展馆北路2号）
（邮政编码100125）
责任编辑　石飞华　连青华
———————————
中国农业出版社印刷厂印刷　新华书店北京发行所发行
2010年1月第1版　2018年3月北京第6次印刷

开本：880mm×1230mm　1/32　印张：5.5
字数：150千字
定价：32.00元
（凡本版图书出现印刷、装订错误，请向出版社发行部调换）